基于工作过程的项目化课程系列教材

丛书主编　黄　晨
丛书副主编　杨淑芳　张　宏

计算机网络与系统集成项目化教程

▶ 贡国忠　主编

JISUANJI WANGLUO YU XITONG JICHENG
XIANGMUHUA JIAOCHENG

苏州大学出版社
Soochow University Press

图书在版编目(CIP)数据

计算机网络与系统集成项目化教程/贡国忠主编
.—苏州:苏州大学出版社,2015.7(2022.1重印)
ISBN 978-7-5672-1394-4

Ⅰ.①计… Ⅱ.①贡… Ⅲ.①计算机网络—网络集成
—中等专业学校—教材 Ⅳ.①TP393

中国版本图书馆 CIP 数据核字(2015)第 162855 号

计算机网络与系统集成项目化教程
贡国忠 主编
责任编辑 苏 秦

苏州大学出版社出版发行
(地址:苏州市十梓街1号 邮编:215006)
广东虎彩云印刷有限公司印装
(地址:东莞市虎门镇北栅陈村工业区 邮编:523898)

开本 787 mm×1 092 mm 1/16 印张 10.25 字数 256 千
2015 年 7 月第 1 版 2022 年 1 月第 2 次印刷
ISBN 978-7-5672-1394-4 定价:32.00 元

苏州大学版图书若有印装错误,本社负责调换
苏州大学出版社营销部 电话:0512-65225020
苏州大学出版社网址 http://www.sudapress.com

基于工作过程的项目化课程系列教材编委会

主　编　黄　晨
副主编　杨淑芳　张　宏
编　委　谭星祥　贡国忠　朱益湘　石金炳　倪菊仙
　　　　朱晓忠　黄国明　陈　豪　张伟明　周建平
　　　　徐永辉　陈辉定　周伟巍　杨春风　陈国锋
　　　　蒋丽芳　戎智勇　曾　晖　杨庆丰　刘　锦
　　　　束炳荣　戴键强　唐　君　陈苏兰　束芬琴
　　　　陆　霞　贺玲花　郇发仲　王　巍　秦玉婷
　　　　吴小芳　韦光辉

本书编审人员

主　编　贡国忠
副主编　戎智勇
编　委　戎智勇　束炳荣　陆　霞　杨庆丰　戴键强

前 言

当今社会计算机的发展日新月异,本书以独特的视角讲解计算机网络与系统集成,力求给大家更多的帮助。

本课程以就业为导向,从计算机网络的实际情况出发,以岗位技能要求为中心,组成多个教学项目。每个以项目、任务为中心的教学单元都结合实际,目的明确。教学过程的实施采用"理实一体"的模式,理论知识遵循"够用为度"的原则,将考证和职业能力所必需的理论知识点有机地融入各教学单元中,边讲边学、边学边做,做中学、学中做,使学生提高学习兴趣,加深对知识的理解,同时也加强了可持续发展能力的培养。

本书项目一、项目二由贡国忠编写,项目三由戎智勇编写,项目四由束炳荣编写,项目五由陆霞编写,项目六由杨庆丰编写,项目七由戴键强编写。

通过本课程的学习,学生能够掌握网络基础知识,有利于将来更深入地学习相关知识。本课程能够培养学生吃苦耐劳、爱岗敬业、团队协作的职业精神和诚实、守信、善于沟通与合作的良好品质,为发展职业能力奠定良好的基础。

本书适合作为职业院校、中等专业学校、技工学校等计算机网络相关课程的教材,也可作为各类社会培训学校相关专业的教材,同时还可供计算机初学者自学使用。

由于计算机发展速度太快,且编者水平有限,疏漏在所难免,在此希望读者批评指正。

编 者
2015 年 3 月

目 录

项目一　计算机网络基础知识 …………………………………………………… 001

　　项目分析 ………………………………………………………………………… 001
　　项目实施 ………………………………………………………………………… 010
　　实训一　计算机网络的发展与应用 …………………………………………… 010
　　实训二　IP 地址的计算 ………………………………………………………… 012

项目二　局域网技术 ……………………………………………………………… 022

　　项目分析 ………………………………………………………………………… 022
　　项目实施 ………………………………………………………………………… 055
　　实训一　网络认识 ……………………………………………………………… 055
　　实训二　双绞线的制作 ………………………………………………………… 058
　　实训三　基本网络配置与网络组件的安装 …………………………………… 062

项目三　IP 子网规划与设计 …………………………………………………… 069

　　项目分析 ………………………………………………………………………… 069
　　任务一　网络寻址 ……………………………………………………………… 069
　　任务二　网段（子网）分割 …………………………………………………… 084
　　项目实施 ………………………………………………………………………… 087
　　实训一　保留的 IP 地址及其意义 ……………………………………………… 087
　　实训二　Windows 2008 的网络工具命令 …………………………………… 091

项目四　路由器基础及配置 …………………………………………………… 094

　　项目分析 ………………………………………………………………………… 094
　　项目实施 ………………………………………………………………………… 105

实训　宽带共享技术 ………………………………………………………… 105

项目五　广域网协议原理及配置 ………………………………………… 112
　　项目分析 ………………………………………………………………………… 112
　　项目实施 ………………………………………………………………………… 128
　　实训　DNS 服务器的安装与配置 …………………………………………… 128

项目六　局域网与广域网互联 …………………………………………… 137
　　项目分析 ………………………………………………………………………… 137
　　项目实施 ………………………………………………………………………… 144
　　实训　Internet 的入网方式 ………………………………………………… 144

项目七　网络安全 ………………………………………………………… 148
　　项目分析 ………………………………………………………………………… 148
　　项目实施 ………………………………………………………………………… 153
　　实训　Internet 安全技术 …………………………………………………… 153

项目一 计算机网络基础知识

 知识点、技能点

> 计算机网络定义和基本功能。
> IP 地址概述。
> 域名。
> 子网划分以及 IP 地址的相关计算。

学习要求

> 掌握和了解计算机网络的定义和基本功能。
> 掌握和了解子网划分的方法以及 IP 地址的相关计算方法。

 教学基础要求

> 掌握子网划分的方法以及 IP 地址的相关计算方法。

项 目 分 析

一、计算机网络的产生和发展

目前,计算机网络已成为全球信息产业的基石。计算机网络在信息的采集、存储、处理、传输和分发中扮演了极其重要的角色,它突破了单台计算机系统应用的局限,使多台计算机相互交换信息、资源共享和协同工作成为可能。计算机网络的广泛使用,改变了传统意义上时间和空间的概念,对社会的各个领域产生了变革性的影响,促进了社会信息化的发展进程。

在计算机诞生之初,计算机技术与通信技术并没有直接的联系,一台昂贵的计算机只能供单用户独占使用。后来出现了批处理系统和分时系统,一台计算机可以同时为多个用户服务,但是分时系统所连接的多个终端都必须靠近计算机,且无法实现远距离共用一台计算机。20 世纪 50 年代初期,美国麻省理工学院林肯实验室为美国空军设计半自动地面防空系统(Semi-Automatic Ground Environment,SAGE),该系统将防区内的远程雷达和其他测量控制设备的信息通过通信线路汇集到一台 IBM 计算机中,进行集中的防空信息处理和控制,进行了计算机技术与通信技术相结合的尝试。紧随其后,许多系统都将在地理上分散的多个终端通过通信线路连接到中心计算机上,分时访问中心计算机资源,进行信息处理,并把处理结果再通过通信线路送回到用户的终端上显示或打印出来。这样,就产生了第 1 代网络。

第 1 代网络是以单计算机为中心的联机系统。这种系统除了中心计算机外,其余的终端不具备自主处理数据的功能,中心计算机既要承担数据处理工作,又要承担与各终端之间的通信工作。随着所连远程终端数量的增多,主机负担必然加重,致使工作效率降低。后来出现了数据处理和通信的分工,即在中心计算机前设置一台前端处理机来负责数据的收发等通信控制和通信处理工作,而让中心计算机专门进行数据处理。另外,分散的远程终端都要单独占用一条通信线路,线路的利用率低,且成本很高,因此采取了一些改进措施来提高通信线路的利用率。如采用多点通信线路,在一条通信线上串接多个终端,使多个终端共享一条线路与主机进行通信;在终端相对集中的地区,用终端集中器与各个终端以低速线路连接,收集终端的数据,再用高速线路传送给主机。

第 2 代网络实现了多计算机的互联。从 20 世纪 60 年代中期到 70 年代中期,随着计算机技术和通信技术的不断进步,可以将多个单计算机连接起来,形成计算机—计算机的网络,实现广域范围内的资源共享。这种网络中,各个计算机是独立的,彼此借助于连接的通信设备和通信线路来交换信息,通信方式已由终端和计算机间的通信发展到计算机和计算机之间的通信,用户服务的模式也由单台中心计算机的服务模式被互联在一起的多台主计算机共同完成的模式所替代。第 2 代计算机网络的典型代表是 1969 年美国国防部高级研究计划局建成的 ARPANET。该网络开始只有 4 个节点,以电话线为主干网络,1973 年发展到 40 个节点,1983 年已经达到 100 多个节点。ARPANET 地域范围跨越了美洲大陆,连通了美国东西部的许多大学和研究机构,通过卫星通信线路与夏威夷和欧洲等地区的计算机网络相互连通。

ARPANET 首次提出了资源子网、通信子网两级网络结构的概念,采用了层次结构的网络体系结构模型与协议体系,是计算机网络发展的一个重要的里程碑。ARPANET 是 Internet 的前身。

在第 2 代网络阶段,为了促进网络产品的开发,各大计算机公司纷纷制定了自己的网络体系结构标准以及实现这些网络体系结构的软硬件产品。用户只要购买该计算机公司提供的网络产品,借助通信线路,就可组建自己的计算机网络。其中典型的有:1974 年 IBM 公司提出的 SNA(System Network Architecture,系统网络体系结构)和 1975 年 DEC 公司提出的 DNA(Digital Network Architecture,数字网络体系结构)。这些网络体系结构只局限于使用同一公司的产品,若在一个网络中使用不同公司的产品或者把异种网连接起来,将是非常困难的。网络公司各自为政的状况使用户无所适从,也不利于网络的自身发展和应用。

第 3 代网络是体系结构标准化网络。经过前期的发展,人们对网络的技术、方法和理论的研究日趋成熟,各大计算机公司自己制定的网络技术标准,最终促成了国际标准的制定,遵循网络体系结构标准建成的网络成为第 3 代网络。1977 年,国际标准化组织(ISO)的计算机与信息处理标准化技术委员会 TC97 成立了一个分委员会 SC16,专门研究网络体系结构与网络协议的标准化问题。经过多年卓有成效的工作，1983 年 ISO 正式制定并颁布了"开放系统互联参考模型"（Open System Interconnection/Reference Model，OSI/RM）的国际标准 ISO 7498。该模型分 7 层，也称 OSI 七层模型。OSI 模型目前已被国际社会普遍接受，成为研究和制定新一代计算机网络标准的基础。

IEEE 于 1980 年 2 月公布了 IEEE 802 标准来规范局域网的体系机构，使其成为局域网的国际标准。20 世纪 80 年代，微型计算机迅速发展，这种廉价的适合办公室和家庭使用的新机种对计算机的普及起到了极大的促进作用。在一个单位内部微型计算机互联不再采用以往的远程计算机网络，因而计算机局域网技术也得到了相应的发展。

目前计算机网络正向全面互联、高速和智能化的方向发展。

二、计算机网络的定义和基本功能

目前计算机网络的定义通常采用资源共享的观点，即将地理位置不同的具有独立功能的计算机或由计算机控制的外部设备，通过通信设备和线路连接起来，按照约定的通信协议进行信息交换，实现资源共享的系统称为计算机网络。

从这个定义可以看出，计算机网络主要涉及以下 3 个方面的内容：

（1）一个计算机网络可以包含多台具有独立功能的计算机。被连接的计算机有自己的 CPU、主存储器、终端，甚至辅助存储器，还有完善的系统软件，能单独进行信息处理加工。因此，通常将这些计算机称为"主机"（Host），在网络中又称作节点或站点。一般在网络中的共享资源（即硬件、软件和数据）均分布在这些计算机中。

（2）构成计算机网络时需要使用通信手段把有关的计算机连接起来。连接要靠通信设备和通信线路，通信线路分有线（如同轴电缆、双绞线、光缆等）和无线（如微波、卫星通信等）。连接还需遵循所规定的约定和规则，即通信协议。

（3）建立计算机网络的主要目的是为了实现通信、信息资源的交流、计算机分布资源的共享或者是计算机之间的协同工作。一般将计算机资源共享作为网络的最基本特征，例如，连接网络之后，用户可以互发电子邮件、查询资料等。

一个现代的计算机网络可以实现以下 3 个基本功能：

（1）计算机之间和计算机用户之间的相互通信与交往。
（2）资源共享，包含计算机硬件资源、软件资源和信息资源。
（3）计算机之间或计算机用户之间的协同工作。

三、IP 地址概述

Internet 是全世界范围的计算机连为一体而构成的通信网络的总称。为准确找到目的地，连接在某个网络上的两台计算机之间在相互通信时，在它们所传送的数据包里都会含有发送数据的计算机地址和接收数据的计算机地址的附加信息。为了通信方便，给每一台计算机都事先分配一个类似电话号码的标识地址，该标识地址就是 IP 地址。根据 TCP/IP 协议的规定，IP 地址（IPv4）由 32 位（4B）二进制数组成，而且在 Internet 范围内是唯一的。为了方便记忆，Internet 管理委员会采用了一种"点分十进制"方法表示

IP 地址,即将 IP 地址分为 4 个字节,且每个字节用十进制表示,并用点号"."隔开,如 210.73.140.2,其二进制和十进制表示如表 1-1 所示。

表 1-1 用二进制和十进制表示 IP 地址

二进制 IP	11010010	1001001	10001100	00000010
十进制 IP	210	73	140	2

Internet 的每个接口必须有一个唯一的 IP 地址,多接口主机具有多个 IP 地址,其中每个接口都对应一个 IP 地址。由于因特网上的每个接口必须有一个唯一的 IP 地址,因此必须要有一个管理机构为接入因特网的接口分配 IP 地址。这个管理机构就是国际互联网络信息中心(Internet Information Center,InterNIC),InterNIC 只分配网络标识,主机标识的分配由系统管理员来负责。

四、IP 地址表示方法及分类

IP 地址分为网络地址和主机地址两部分,IP 地址的格式可表示为网络地址 + 主机地址。IP 地址的这种结构使得在 Internet 上的寻址很方便,即先按 IP 地址中的网络号找到网络,再按主机号找到主机。

如果把整个 Internet 看作单一的网络,IP 地址就是给每个连在 Internet 的主机分配一个在全世界范围内唯一的标识符。Internet 管理委员会定义了 A、B、C、D、E 5 类地址,在每类地址中,还规定了网络标识和主机标识。在 TCP/IP 协议中,IP 地址是以二进制数字形式出现的,共 32bit,1bit 就是二进制中的 1 个二进制位,但这种形式非常不适合阅读和记忆。因此 Internet 管理委员会决定采用一种"点分十进制"方法表示 IP 地址,即把由 4 组构成的 32 位的 IP 地址直观地表示为 4 个以点号"."隔开的十进制整数,其中,每一个十进制整数对应一个字节(8 位二进制数为一个字节,称为一组)。在上述 5 类地址中,A、B、C 类地址最常用,下面加以介绍。

1. A 类地址

A 类地址的网络标识由第一组 8 位二进制数表示。A 类地址的特点是网络标识的第一位二进制数取值必须为"0"。不难算出,A 类地址第一组 8 位二进制数第一个为 00000001,即十进制数 1,最后一个为 01111111,即十进制数 127,其中 127 留作保留地址,所以 A 类地址的第一组数据范围为 1~126。A 类地址允许有 $2^7-2=126$ 个网段(第一个可用网段号为 1,最后一个可用网段号为 126,减 2 是因为 0 不用,而 127 留作他用)。A 类地址中的主机标识占 3 组 8 位二进制数,每个网络允许有 $2^{24}-2=16777214$ 台主机(减 2 是因为主机标识全 0 地址为网络地址,全 1 为广播地址,这两个地址一般不分配给主机)。A 类地址通常分配给拥有大量主机的网络。

2. B 类地址

B 类地址的网络标识由前两组 8 位二进制数表示,网络中的主机标识占两组 8 位二进制数,B 类地址的特点是网络标识的前两位二进制数取值必须为"10"。B 类地址第一组 8 位二进制数第一个为 10000000,最后一个为 10111111,换算成十进制,B 类地址第一组数据范围就是 128~191。B 类地址允许有 $2^{14}=16384$ 个网段(第一个可用网段号为

128.0,最后一个可用网段号为191.255)。B类地址中的主机标识占2组8位二进制数,每个网络允许有$2^{16}-2=65534$台主机,适用于节点比较多的网络。

3. C类地址

C类地址的网络标识由前3组8位二进制数表示,网络中主机标识占1组8位二进制数。C类地址的特点是网络标识的前3位二进制数取值必须为"110"。C类地址第一组8位二进制数第一个为11000000,最后一个为11011111,换算成十进制,C类地址第一组数据范围就是192～223。C类地址允许有$2^{21}=2097152$个网段(第一个可用网段号为192.0.0,最后一个可用网段号为223.255.255)。C类地址中的主机标识占1组8位二进制数,每个网络允许有$2^8-2=254$台主机,适用于节点比较少的网络。

4. 特殊的IP地址

(1) 私有地址。

前面提到IP地址在全世界范围内唯一,有人可能会产生疑问,像192.168.0.1这样的地址在许多地方都能看到,并不唯一,这是为什么呢?这是因为Internet管理委员会规定了一些地址段为私有地址,私有地址可以在组网局部范围内使用,但不能在Internet上使用,Internet中没有这些地址的路由,使用这些地址的计算机要上网必须将IP地址转换成合法的地址,也称为公网地址。这就像世界上有很多公园,不同的公园都可用相同的名字命名公园内的大街,如香榭丽舍大街,但我们只能注意到公园的地址和真正的香榭丽舍大街。下面是A、B、C类网络中的私有地址段。

① A类网络私有地址段:10.0.0.0～10.255.255.255。

② B类网络私有地址段:172.16.0.0～172.131.255.255。

③ C类网络私有地址段:192.168.0.0～192.168.255.255。

(2) 回送地址。

A类网络的网络标识127是一个保留地址,用于网络软件测试以及本地机进程间通信,叫作回送地址(Loopback Address)。无论什么程序,一旦使用回送地址发送数据,协议软件立即将其返回,不进行任何网络传输。含网络标识127的分组不能出现在任何网络上。

(3) 广播地址。

TCP/IP协议规定,主机标识全为"1"的网络地址用于广播,叫作广播地址。所谓广播,指在同一时刻向同一子网所有主机发送报文。

(4) 网络地址。

TCP/IP协议规定,各位全为"0"的网络标识被解释成"本"网络。

可以看出,主机标识全"0"、全"1"的地址在TCP/IP协议中有特殊含义,一般不能用作一台主机的有效IP地址。

五、子网划分与子网掩码

1. 子网掩码

子网掩码又叫网络掩码、地址掩码、子网络遮罩,它是一种用来指明一个IP地址的哪些位标识的是主机所在的子网以及哪些位标识的是主机的位掩码。子网掩码不能单独存在，它必须结合 IP 地址一起使用。子网掩码只有一个作用，就是将某个 IP 地址划分成网络地址和主机地址两部分。

2. 子网的作用

使用子网是为了减少 IP 地址的浪费。因为随着互联网的发展，越来越多的网络产生，有的网络拥有多达几百台主机，有的则只有区区几台，这样就浪费了很多 IP 地址，所以要划分子网。使用子网可以提高网络应用的效率。

3. 子网掩码的作用

通过 IP 地址的二进制形式与子网掩码的二进制形式进行"与"运算，可确定某个设备的网络标识和主机标识，也就是说通过子网掩码可分辨一个网络的网络部分和主机部分。子网掩码一旦设置，网络地址和主机地址就固定了。子网一个最显著的特征就是具有子网掩码。与 IP 地址相同，子网掩码的长度也是 32 位，也可以使用十进制的形式。例如，二进制形式的子网掩码为 11111111.11111111.11111111.00000000，采用十进制的形式为 255.255.255.0。

4. 掩码的组成

掩码用一个 32 位二进制数字来表示，用点分十进制来描述，默认情况下，掩码包含两个域，即网络域和主机域，分别对应网络标识和本地可管理的网络地址部分。在要划分子网时，要重新调整对 IP 地址的认识。如果工作在 B 类网络中，并使用标准的掩码，则此时没有划分子网。例如，在下面的地址和掩码中，子网掩码的网络标识由前两个 255 来说明，而主机标识是由后面的 0.0 来说明。

IP 地址　　　　　　子网掩码
153.88.4.240　　　255.255.0.0

以上 IP 地址中，网络标识是 153.88，主机标识是 4.240。换句话说，前 16 位代表着网络标识，而后面剩余的 16 位代表着主机标识。

如果我们将网络划分成几个子网，则网络的层次将增加。从网络到主机的结构转换成了从网络到子网再到主机的结构。如果我们使用子网掩码 255.255.255.0 对网络 153.88.0.0 进行子网划分，则需要增加辅助的信息块。在增加一个子网域时，我们的想法发生了一些变化。看一看前面的例子，153.88 还是网络标识。当使用掩码 255.255.255.0 时，则说明子网号被定位在第三个 8 位组上。子网标识是 4，主机标识是 240。

通过掩码可将本地标识管理的网络地址划分成多个子网。掩码用来说明子网域的位置。我们给子网域分配一些特定的位数后，剩下的位数就是新的主机标识了。在下面的例子中，我们使用了一个 B 类地址，它有 16 位主机标识。此时我们将主机标识分成一个 8 位子网标识和一个 8 位主机标识。

此时这个 B 类地址的掩码是：255.255.255.0。

网络标识	网络标识	子网标识	主机标识
255	255	255	0
11111111	11111111	11111111	00000000

5. 掩码值的二进制表示

如何确定使用哪些掩码呢？表面上看，过程非常简单。首先要确定在网络中需要有多少个子网,这就需要充分研究该网络的结构和设计。一旦知道需要几个子网,就能够决定使用多少个子网位。要保证子网域足够大,以满足未来子网数量的需求。

当在网络设计阶段时,网络管理员要和地址管理员讨论设计问题。若结论是在目前的设计中应有 73 个子网,根据实际经验可使用一个 B 类地址。为了确定子网掩码,我们需要知道子网标识的大小。本地可管理的 B 类地址部分只有 16 位。

子网标识是这 16 位中的一部分。下面确定存储十进制数 73 需要多少二进制位。一旦能够知道存放十进制数 73 所需位数,我们就能够确定使用怎样的掩码。

首先将十进制数 73 转换成二进制数。

$$(73)_{10} = (1001001)_2$$

这个二进制数的位数为 7 位。此时我们需要保留本地管理的子网掩码部分中的前 7 位作为子网标识,剩余部分作为主机标识。在上面的例子中,我们为子网标识保留前 7 位,每一位用 1 来表示;剩余的位数为主机标识,用 0 表示。

11111110   00000000

将上面子网的二进制信息转换成十进制,然后把它作为掩码的一部分加入到整个掩码中。此时我们就能够得到一个完整的子网掩码。

$$(11111110)_2 = (254)_{10} \quad 十进制$$
$$(00000000)_2 = (0)_{10} \quad 十进制$$

完整的掩码是 255.255.254.0。

B 类地址的默认掩码是 255.255.0.0。现在我们已经将本地的可管理掩码部分 0.0 转换成 254.0。这个过程描述了划分子网的方法。软件通过 254.0 这部分就会知道本地可管理地址部分的前 7 位是子网标识,剩余部分是主机标识。当然,如果子网掩码的个数发生变化,对子网域的解释也将变化。

六、IPv6 协议

IPv6(Internet Protocol version 6),是 IETF(Internet Engineering Task Force,互联网工程任务组)设计的用于替代现行 IP 协议的下一代 IP 协议。目前 IP 协议是 IPv4。

IPv6 的提出最初是因为随着互联网的迅速发展,IPv4 定义的有限 IP 地址空间将被耗尽,地址空间的不足必将妨碍互联网的进一步发展。为了扩大地址空间,拟通过 IPv6 重新定义地址空间。IPv6 采用 128 位地址长度,几乎可以不受限制地提供地址。按保守方法估算 IPv6 在整个地球的每平方米面积上可分配 1000 多个 IP 地址。在 IPv6 的设计过程中除了解决了地址短缺问题以外,还考虑了在 IPv4 中未解决的其他问题,如端到端 IP 连接、服务质量(Quality of Service,QoS)、安全性、多播、移动性、即插即用等。

IPv6 的特点主要有:

(1) IPv6 地址长度为 128 位,地址空间增大了 2^{96} 倍。

(2) 灵活的 IP 报文头部格式。使用一系列固定格式的扩展头部取代了 IPv4 中可变长度的选项字段。IPv6 中选项部分的出现方式也有所变化,使路由器可以简单浏览选项而不做任何处理,加快了报文处理速度。

(3) IPv6 简化了报文头部格式,报文头部字段只有 8 个,加快了报文转发,提高了吞吐量。

（4）提高安全性。身份认证和隐私权是 IPv6 的关键特性。

（5）支持更多的服务类型。

（6）允许协议继续演变,增加新的功能,使之适应未来技术的发展。

IPv6 的一个重要的普及应用是网络实名制下的互联网身份证（Virtual Identity Electronic Identification,VIEID）。目前基于 IPv4 的网络之所以难以实现网络实名制,一个重要原因就是因为 IP 地址资源的共用,因为 IP 资源不够,所以不同的人在不同的时间段共用一个 IP 地址,IP 地址和上网用户无法实现一一对应。

在 IPv4 下,现在根据 IP 查找用户也比较麻烦,这需要运营商保留一段时间内的用户上网日志才能实现。而通常因为网络数据量很大,运营商只能保留三个月左右的上网日志,比如查找两年前通过某个 IP 发帖子的用户就不能实现。

IPv6 的出现可以从技术上解决实名制这个问题,因为到那时 IP 地址空间资源将不再紧张,运营商有足够多的 IP 地址,运营商在受理入网申请的时候,可以直接给一个用户分配一个固定的 IP 地址,这样就实现了实名制,也就是一个真实用户和一个 IP 地址一一对应。当一个上网用户的 IP 固定了之后,他任何时间做的任何事情都和一个唯一的 IP 绑定,他在任何时间段内在网络上做的任何事情都有据可查。

七、域名

1. 域名的概念

域名（Domain Name）,是由一串用点".""分隔的名字组成的,是 Internet 上某一台计算机或计算机组的名称,用于在数据传输时标识计算机的电子方位（有时也指地理位置）。DNS（Domain Name System,域名系统）是 Internet 的一项核心服务,它作为可以将域名和 IP 地址相互映射的一个分布式数据库,能够使人更方便地访问 Internet,而不用去记忆能被机器直接读取的 IP 地址数串。

例如,www.wikipedia.org 作为一个域名,和 IP 地址 208.80.152.2 相对应。DNS 就像是一个自动的电话号码簿,通过它我们可以直接拨打 wikipedia 的名字来代替电话号码（IP 地址）。在我们直接呼叫网站的名字以后,DNS 就会把像 www.wikipedia.org 一样便于人类使用的名字转化成便于机器识别的 IP 地址如 208.80.152.2。

DNS 规定,域名中的标号都由英文字母和数字组成,每一个标号不超过 63 个字符,也不区分大小写字母。标号中除连字符（-）外不能使用其他的标点符号。级别最低的域名写在最左边,而级别最高的域名写在最右边。由多个标号组成的完整域名总共不超过 255 个字符。

近年来,一些国家也纷纷开发使用本民族语言构成的域名,如德语、法语等。中国也开始使用中文域名,但可以预计的是,在今后相当长的时期内,以英语为基础的域名（即英文域名）仍然是国内主流。

2. 域名级别

域名可分为不同级别,包括顶级域名、二级域名等。

（1）顶级域名。

顶级域名又分为两类:

① 国家或地区顶级域名。例如,中国是 cn、美国是 us、日本是 jp 等。

② 国际顶级域名。例如,表示工商企业的 com,表示网络提供商的 net,表示非营利组织的 org 等。目前大多数域名争议都发生在 com 的顶级域名下,因为多数公司上网的目的都是为了赢利。为加强域名管理,解决域名资源的紧张,Internet 协会、Internet 分址机构及世界知识产权组织(WIPO)等国际组织经过广泛协商,在原来 3 个国际顶级域名的基础上,新增加了 7 个国际顶级域名:firm(公司企业)、store(销售公司或企业)、web(突出 WWW 活动的单位)、arts(突出文化、娱乐活动的单位)、rec(突出消遣、娱乐活动的单位)、info(提供信息服务的单位)、nom(个人),并在世界范围内选择新的注册机构来受理域名注册申请。

(2) 二级域名。

二级域名是指顶级域名之下的域名。在国际顶级域名下,它是指域名注册人的网上名称,如 ibm、yahoo、microsoft 等;在国家或地区顶级域名下,它是表示注册机构类别的符号,如 com、edu、gov、net 等。

中国在国际互联网络信息中心(InterNIC)正式注册并运行的顶级域名是 cn,这也是中国的一级域名。在顶级域名之下,中国的二级域名又分为类别域名和行政区域名两类。类别域名共 6 个,包括用于科研机构的 ac、用于工商金融企业的 com、用于教育机构的 edu、用于政府部门的 gov、用于互联网络信息中心和运行中心的 net、用于非营利组织的 org。而行政区域名有 34 个,分别对应于中国各省、自治区和直辖市。

(3) 三级域名。

三级域名用字母(A~Z,a~z)、数字(0~9)和连字符(-)组成,各级域名之间用实点(.)连接,三级域名的长度不能超过 20 个字符。如无特殊原因,建议采用申请人的英文名(或缩写)或者汉语拼音名(或缩写)作为三级域名,以保持域名的清晰性和简洁性。

3. 注册域名

域名的注册依管理机构之不同而有所差异。

一般来说,gTLD 管理机构仅制定域名政策,而不涉入用户注册事宜,这些机构会将注册事宜授权给通过审核的顶级注册商,再由顶级注册商向下授权给其他二、三级代理商。

ccTLD 注册就比较复杂,除了遵循前述规范外,部分国家将域名转包给某些公司管理(如西萨摩亚 ws),亦有管理机构兼顶级注册机构的状况(如南非 za)。

各种域名注册所需资格不同,gTLD 除少数例外(如 travel)外,一般均不限资格;而 ccTLD 则往往有资格限制,甚至必需缴验实体证件。

一个域名的所有者可以通过查询 WHOIS 数据库而被找到;对于大多数根域名服务器,基本的 WHOIS 由 ICANN(互联网名称与数字地址分配机构)维护,而 WHOIS 的细节则由控制某个域的域注册机构维护。注册域名之前可以通过 WHOIS 查询提供商了解域名的注册情况。对于国家或地区顶级域名,通常由该域名权威注册机构负责维护 WHOIS。

一般来说,com 注册使用者为公司或企业,org 为社团法人,edu 为学校单位,gov 为政府机构。

4. 域名命名

由于 Internet 上的各级域名分别由不同机构管理,因此,各个机构管理域名的方式和域名命名的规则也有所不同。但域名的命名也有一些共同的规则,主要有以下几点。

(1) 域名中只能包含的字符。

① 26 个英文字母。

② 0、1、2、3、4、5、6、7、8、9 十个数字。

③ -(连字符)。

(2) 域名中字符的组合规则。

① 在域名中,不区分英文字母的大小写。

② 域名的长度有一定的限制。

(3) cn 下域名命名的规则。

① 遵照域名命名的全部共同规则。

② 早期,cn 域名只能注册三级域名,从 2002 年 12 月开始,CNNIC(中国互联网信息中心)开放了国内 cn 域名下的二级域名注册,可以在 cn 下直接注册域名。

③ 不得使用或限制使用以下名称(以下列出了注册此类域名时需要提供的一些材料):

- 注册含有"CHINA"、"CHINESE"、"CN"、"NATIONAL"等的域名时需经国家有关部门(指部级以上单位)正式批准(这条规则现在基本废除了)。
- 不得使用公众知晓的其他国家或者地区名称、外国地名、国际组织名称。
- 注册县级以上(含县级)行政区域名称的全称或者缩写时,需经相关县级以上(含县级)人民政府正式批准。
- 不得使用行业名称或者商品的通用名称。
- 不得使用他人已在中国注册过的企业名称或者商标名称。
- 不得使用对国家、社会或者公共利益有损害的名称。

经国家有关部门(指部级以上单位)正式批准和相关县级以上(含县级)人民政府正式批准,是指相关机构要出具书面文件表示同意××××单位注册××××域名。例如,要申请域名 beijing.com.cn,则要提供北京市人民政府的批文。

项 目 实 施

实训一 计算机网络的发展与应用

一、实训目标

(1) 了解计算机网络的形成。

(2) 初步掌握计算机网络的定义、计算机网络的功能和计算机网络的分类。

(3) 掌握按地理位置分类的计算机网络的相关知识,即局域网、广域网、城域网和因特网。

(4) 掌握计算机网络的 5 种结构——总线型、星型、环型、树型和网状结构。重点掌握总线型和星型。

(5) 学会使用网络的软硬件资源。

二、实训内容

(1) 到学校计算机网络中心了解计算机网络结构,并画出拓扑结构图,分析属于何种网络结构。

(2) 观察每台计算机是如何进行网络通信的,了解计算机网络中使用的网络设备。

(3) 了解每台计算机上使用的网络标识、网络协议和网卡的配置。

三、实训步骤

组织学生三人为一小组,分别到学校计算机网络中心,完成本次实训的内容,并写出实训报告。

第一步:观察计算机网络的组成。

(1) 记录联网计算机的数量、配置、使用的操作系统、网络拓扑结构图。

(2) 了解服务器、光盘镜像服务器、磁盘阵列是如何连接到计算机上的。

(3) 认识并记录网络使用其他硬件设备的名称、用途及连接方法。

(4) 画出拓扑结构图。

(5) 分析网络的结构及其所属类型。

第二步:参观网络中心。

(1) 记录联网计算机的数量、配置、使用的操作系统、网络拓扑结构图、网络组建的时间等。

(2) 了解各服务器的功能,认识网络设备,如交换机、防火墙、路由器,了解它们的用途及连接方法。

(3) 画出拓扑结构图。

第三步:观察计算机网络的参数设置(可在 Windows XP 或 Windows 7 下查看)。

(1) 在"网络"属性对话框中,记下计算机名字、工作组名字和计算机说明。

(2) 查看网卡型号和网络设置、IP 地址的设置以及网络使用的协议等。

四、实训总结

网络拓扑是指局域网络中各节点间相互连接的方式,也就是网络中计算机之间是如何相互连接的。构成局域网络的拓扑结构有很多,其中最基本的拓扑结构为总线型、星型、树型和网状结构。拓扑结构的选择往往与通信介质的选择和介质控制方式的确定紧密相关,并决定着对网络设备的选择。

五、实训作业

（1）根据网络中心的计算机网络结构，分析网络的各部件属于什么网络类型？为什么使用此类型？

（2）网络中各部分的网络设备是什么？作用何在？

实训二 IP 地址的计算

一、IP 地址的介绍

1. IP 地址的表示方法

IP 地址 = 网络号（net-id）+ 主机号（host-id）

把整个 Internet 看作单一的网络，IP 地址就是给每个连在 Internet 的主机分配的一个在全世界范围内唯一的标识符，Internet 管理委员会定义了 A、B、C、D、E 五类地址，在每类地址中，还规定了网络编号和主机编号。在 TCP/IP 协议中，IP 地址是以二进制数字形式出现的，共 32bit，1bit 就是二进制中的 1 位，但这种形式非常不适于人阅读和记忆。因此 Internet 管理委员会决定采用一种"点分十进制表示法"表示 IP 地址：面向用户的文档中，由四组构成的 32bit 的 IP 地址被直观地表示为四个以圆点隔开的十进制整数，其中，每一个整数对应一个字节（8bit 为一个字节），A、B、C 类地址最常用，下面加以介绍，本书介绍的都是版本 4 即 IPv4 的 IP 地址。图 1-1 为 IP 地址表示方法示意图。

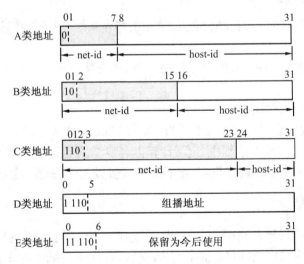

图 1-1 IP 地址表示方法

（1）A 类地址。A 类地址的网络标识由第一组 8 位二进制数表示，A 类地址的特点是网络标识的第一位二进制数取值必须为"0"。不难算出，A 类地址第一组 8 位二进制数第一个为 00000001，最后一个为 01111111，换算成十进制就是 127，其中 127 留作保留地

址,A 类地址的第一组数据范围为 1~126,A 类地址允许有 $2^7-2=126$ 个网段(减 2 是因为 0 不用,127 留作他用),网络中的主机标识占 3 组 8 位二进制数,每个网络允许有 $2^{24}-2=16777214$ 台主机(减 2 是因为全 0 地址为网络地址,全 1 为广播地址,这两个地址一般不分配给主机)。A 类地址通常分配给拥有大量主机的网络。

（2）B 类地址。B 类地址的网络标识由前两组 8 位二进制数表示,网络中的主机标识占 2 组 8 位二进制数,B 类地址的特点是网络标识的前两位二进制数取值必须为"10"。B 类地址第一组 8 位二进制数第一个为 10000000,最后一个为 10111111,换算成十进制,B 类地址第一段数据范围为 128~191,B 类地址允许有 $2^{14}=16384$ 个网段,网络中的主机标识占 2 组 8 位二进制数,每个网络允许有 $2^{16}-2=65534$ 台主机,适用于节点比较多的网络。

（3）C 类地址。C 类地址的网络标识由前 3 组 8 位二进制数表示,网络中主机标识占 1 组 8 位二进制数。C 类地址的特点是网络标识的前 3 位二进制数取值必须为"110"。C 类地址第一组 8 位二进制数第一个为 11000000,最后一个为 11011111,换算成十进制,C 类地址第一组数据范围为 192~223,C 类地址允许有 $2^{21}=2097152$ 个网段,网络中的主机标识占 1 组 8 位二进制数,每个网络允许有 $2^8-2=254$ 台主机,适用于节点比较少的网络。

有些人对范围是 2^x 不太理解,下面举一简单的例子加以说明。如 C 类网,每个网络允许有 $2^8-2=254$ 台主机是这样来的。因为 C 类网的主机位是 8 位,变化如下：

00000000
00000001
00000010
00000011
……
11111110
11111111

除去 00000000 和 11111111 不用外,从 00000001 到 11111110 共有 254 种变化,也就是 2^8-2 个。表 1-2 是 IP 地址的使用范围。

表 1-2 IP 地址的使用范围

网络类别	最大网络数	第一个可用的网络号	最后一个可用的网络号	每个网络中的最大主机数
A	126(2^7-2)	1	126	16777214
B	16384(2^{14})	128.0	191.255	65534
C	2097152(2^{21})	192.0.0	223.255.255	254

2. 几个特殊的 IP 地址

（1）私有地址。

上面提到 IP 地址在全世界范围内唯一,有人可能有这样的疑问,像 192.168.0.1 这样的地址在许多地方都能看到,并不唯一,这是为什么呢? Internet 管理委员会规定如下地址段为私有地址,私有地址可以自己组网时用,但不能在 Internet 上使用,Internet 中没有这些地址的路由,使用这些地址的计算机要上网必须将 IP 地址转换成合法的 IP 地址,也称为公网地址,这就像世界上有很多公园,不同的公园都可用相同的名字命名公园内的大街,如香榭丽舍大街,但我们只能注意到公园的地址和真正的香榭丽舍大街。下面分别是 A、B、C 类网络中的私有地址段。若自己组网时就可以使用这些地址。

10.0.0.0~10.255.255.255
172.16.0.0~172.131.255.255
192.168.0.0~192.168.255.255

(2) 回送地址。

A 类网络地址标识 127 是一个保留地址,用于网络软件测试以及本地机进程间通信,叫作回送地址(Loopback Address)。无论什么程序,一旦使用回送地址发送数据,协议软件立即将其返回,不进行任何网络传输。含网络标识 127 的分组不能出现在任何网络上。

【小技巧】

- ping 127.0.0.1,如果反馈信息失败,说明 IP 协议栈有错,必须重新安装 TCP/IP 协议。如果成功,ping 本机 IP 地址,如果反馈信息失败,说明本机网卡不能和 IP 协议栈进行通信。
- 如果网卡没接网线,本机的一些服务如 Sql Server、IIS 等就可以用 127.0.0.1 这个地址。

(3) 广播地址。

TCP/IP 规定,主机号全为"1"的网络地址用于广播,叫作广播地址。所谓广播,指同时向同一子网所有主机发送报文。

(4) 网络地址。

TCP/IP 协议规定,各位全为"0"的网络号被解释成"本"网络。

由上可以看出:含网络号 127 的分组不能出现在任何网络上;主机和网关不能为该地址广播任何寻径信息。另外,主机号全"0"或全"1"的地址在 TCP/IP 协议中有特殊含义,一般不能用作一台主机的有效地址。

3. 子网掩码

从上面的例子可以看出,子网掩码的作用就是和 IP 地址进行与运算后得出网络地址,子网掩码也是 32bit,并且由一串 1 后跟随一串 0 组成,其中 1 显示在 IP 地址中的网络号对应的位数,而 0 显示在 IP 地址中主机对应的位数。

(1) 标准子网掩码。

A 类网络(1~126)　　缺省子网掩码:255.0.0.0

255.0.0.0 换算成二进制为 11111111.00000000.00000000.00000000,可以清楚地看出前 8 位是网络地址,后 24 位是主机地址,也就是说,如果用的是标准子网掩码,看第一段地址即可看出是不是同一网络的。如 21.0.0.1 和 21.240.230.1,第一段都为 21,属于 A 类,如果用的是默认的子网掩码,那这两个地址就属于同一个网段。

B 类网络(128~191)　　缺省子网掩码:255.255.0.0
C 类网络(192~223)　　缺省子网掩码:255.255.255.0

B 类、C 类分析同上。

(2) 特殊的子网掩码。

标准子网掩码出现的都是 255 和 0 的组合，在实际的应用中还有下面的子网掩码：

255.128.0.0
255.192.0.0
……
255.255.192.0
255.255.240.0
……
255.255.255.248
255.255.255.252

这些子网掩码的出现是为了把一个网络划分成多个网络。例如，192.168.0.1 和 192.168.0.200 如果使用默认掩码 255.255.255.0，两个地址就属于同一个网络，如果掩码变为 255.255.255.192，这两个地址就不属于同一个网络了。具体见表 1-3。

表 1-3　使用不同子网掩码的对照

192.168.0.1	11000000.10101000.00000000.00000001
192.168.0.200	11000000.10101000.00000000.11001000
255.255.255.0	11111111.11111111.11111111.00000000
192.168.0.1	11000000.10101000.00000000.00000001
192.168.0.200	11000000.10101000.00000000.11001000
255.255.255.192	11111111.11111111.11111111.11000000

表 1-4 是几个子网掩码计算过程中非常有用的十进制和二进制的对照。

表 1-4　子网掩码的计算过程中的十进制和二进制的对照

用于子网掩码换算的十进制和二进制对照							
十进制	128	64	32	16	8	4	2	1
二进制	10000000	01000000	00100000	00010000	00001000	00000100	00000010	00000001
常用的子网掩码的十进制和二进制对照							
十进制	128	192	224	240	248	252	254	255
二进制	10000000	11000000	11100000	11110000	11111000	11111100	11111110	11111111

二、彻底明白 IP 地址的含义

不管是学习网络知识还是上网，IP 地址都是出现频率非常高的词。Windows 系统中设置 IP 地址的界面如图 1-2 所示，图中出现了 IP 地址、子网掩码、默认网关和 DNS 服务器这几个需要设置的地方，只有正确设置，网络才能连通，那么这些名词都是什么意思呢？学习 IP 地址的相关知识时还会遇到网络地址、广播地址、子网等概念，这些又是什么意思呢？

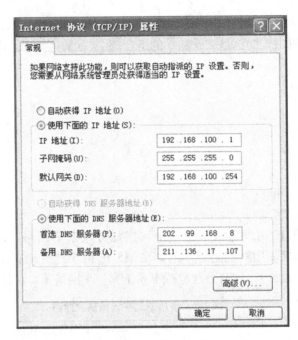

图 1-2 IP 地址设置界面

要解答这些问题，先看一个日常生活中的例子。如图 1-3 所示，住在北大街的住户要能互相找到对方，必须各自都有个门牌号，这个门牌号就是各家的地址，门牌号的表示方法为：北大街 + ××号。假如 1 号住户要找 6 号住户，过程是这样的，1 号在大街上喊一声："谁是 6 号，请回答。"这时北大街的住户都听到了，但只有 6 号做了回答，这个喊的过程叫"广播"，北大街的所有用户就是他的广播范围，假如北大街共有 20 个用户，那广播地址就是：北大街 21 号。也就是说，北大街的任何一个用户喊一声能让"广播地址 – 1"个用户听到。

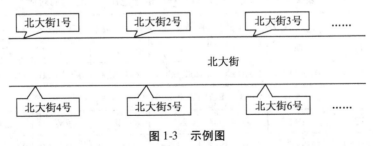

图 1-3 示例图

从这个例子中可以抽出下面几个词：

街道地址：北大街，如果要给该大街一个地址，则为第一个住户的地址 – 1，此例为：北大街 0 号。

住户的号：如 1 号、2 号等。

住户的地址：街道地址 + ××号，如北大街 1 号、北大街 2 号等。

广播地址：最后一个住户的地址 + 1，此例为：北大街 21 号。

Internet 中，每个上网的计算机都有一个像上述例子的地址，这个地址就是 IP 地址，也就是分配给网络设备的门牌号,为了网络中的计算机能够互相访问,IP 地址=网络地址+主机地址,图 1-2 中的 IP 地址是 192.168.100.1,这个地址中包含了很多含义。

网络地址(相当于街道地址):192.168.100.0。

主机地址(相当于各户的门号):0.0.0.1。

IP 地址(相当于住户地址):网络地址+主机地址=192.168.100.1。

广播地址:192.168.100.255。

这些地址是如何计算出来的呢?为什么计算这些地址呢?要想知道为什么,先要明确,学习网络知识就是要弄明白如何让网络中的计算机相互通信,也就是说要围绕着"通"这个字来学习和理解网络中的概念,而不是只背几个名词。

注:192.168.100.1 是私有地址,是不能直接在 Internet 中应用的,进入 Internet 之前要转为公有地址,下面详细说明。

1. 为什么要计算网络地址

一句话就是要让网络中的计算机能够相互通信。先看看最简单的网络,图 1-4 中是用网线(交叉线)直接将两台计算机连起来。下面是几种 IP 地址设置,看看在不同设置下网络是通还是不通。

图 1-4　最简单的网络

(1)设置 1 号机的 IP 地址为 192.168.0.1,子网掩码为 255.255.255.0;2 号机的 IP 地址为 192.168.0.200,子网掩码为 255.255.255.0,这两台计算机能正常通信。

(2)如果 1 号机地址不变,将 2 号机的 IP 地址改为 192.168.1.200,子网掩码还是 255.255.255.0,那这两台计算机就无法通信。

(3)设置 1 号机的 IP 地址为 192.168.0.1,子网掩码为 255.255.255.192;2 号机的 IP 地址为 192.168.0.200,子网掩码为 255.255.255.192。注意和第 1 种情况的区别在于子网掩码,第 1 种情况为 255.255.255.0,本例是 255.255.255.192,这两台计算机不能正常通信。

第 1 种情况下能通信,是因为这两台计算机处在同一网络 192.168.0.0,而第 2、第 3 种情况下两台计算机处在不同的网络,所以不通。

这里先给出一个结论:用网线直接连接的计算机或是通过 Hub 或普通交换机间接连接的计算机之间要能够相互通信,计算机必须要在同一网络,也就是说它们的网络地址必须相同,而且主机地址必须不一样。如果不在一个网络就无法通信。正如我们前面举的例子,同是北大街的住户,由于街道名称都是北大街,且各自的门牌号不同,所以能够相互找到对方。

计算网络地址就是用于判断网络中的计算机在不在同一网络,在计算机之间就能通信,不在就不能通信。注意,这里说的在不在同一网络指的是 IP 地址而不是物理连接。

2. 如何计算网络地址

我们日常生活中的地址,如北大街1号,从字面上就能看出街道地址是北大街,而从IP地址中却难以看出网络地址,要计算网络地址,必须借助前面提到过的子网掩码。

计算过程为:将IP地址和子网掩码都换算成二进制,然后进行与运算,结果就是网络地址。与运算如下所示,上下对齐,1位1位的算,1与1=1,其余组合都为0。

```
        1……0……1……0
        1……0……0……0
与运算_____
        1……0……0……0
```

例如,计算IP地址为202.99.160.50,子网掩码为255.255.255.0的情况下的网络地址的步骤如下:

(1) 将IP地址和子网掩码分别换算成二进制。
202.99.160.50 换算成二进制为 11001010.01100011.10100000.00110010
255.255.255.0 换算成二进制为 11111111.11111111.11111111.00000000

(2) 将二者进行与运算。

```
        11001010.01100011.10100000.00110010
        11111111.11111111.11111111.00000000
与运算_____
        11001010.01100011.10100000.00000000
```

(3) 将运算结果换算成十进制,这就是网络地址。
11001010.01100011.10100000.00000000 换算成十进制就是 202.99.160.0。
现在我们就可以解答上面三种情况下通与不通的问题了。

三、计算相关地址(通过IP地址和子网掩码与运算计算相关地址)

知道IP地址和子网掩码后可以算出:网络地址、广播地址、地址范围、本网有几台主机。

【例1】IP地址为192.168.100.5,子网掩码为255.255.255.0。请算出网络地址、广播地址、地址范围、主机数。

1. 分步骤计算

(1) 将IP地址和子网掩码换算为二进制,子网掩码连续全1的部分对应的是网络地址,后面对应的是主机地址。

```
                   192.168.100.5
        11000000.10101000.01100100.00000101
                   255.255.255.0
        11111111.11111111.11111111.00000000
```

（2）将 IP 地址和子网掩码进行与运算,结果是网络地址。
$$192.168.100.5$$
$$11000000.10101000.01100100.00000101$$
$$255.255.255.0$$
$$11111111.11111111.11111111.00000000$$

与运算_____
$$11000000.10101000.01100100.00000000$$
$$结果为：192.168.100.0$$

（3）将网络地址中的网络地址部分不变,主机地址变为全1,结果就是广播地址。
$$网络地址为：192.168.100.0$$
$$11000000.10101000.01100100.00000000$$
_____
将主机地址变为全1
$$11000000.10101000.01100100.11111111$$
$$广播地址为：192.168.100.255$$

（4）地址范围就是含在本网段内的所有主机的地址范围。

网络地址+1 即为第一个主机地址,广播地址-1 即为最后一个主机地址,由此可以看出

地址范围是： 网络地址+1　至　广播地址-1

本例的地址范围是： 192.168.100.1　至　192.168.100.254

也就是说地址： 192.168.100.1、192.168.100.2 …… 192.168.100.20 …… 192.168.100.111 …… 192.168.100.254 都是一个网段的。

（5）主机的数量。

$$主机的数量 = 2^{主机地址对应的二进制位数} - 2$$

减2是因为主机不包括网络地址和广播地址,本例主机地址对应的二进制位数是8位,主机的数量 = $2^8 - 2 = 254$。

2. 总体计算

我们把上面的例子合起来计算一下,过程如下：
$$192.168.100.5$$
$$11000000.10101000.01100100.00000101$$
$$255.255.255.0$$
$$11111111.11111111.11111111.00000000$$

IP 地址和子网掩码进行与运算,结果是网络地址：

　　192.168.100.5　　11000000.10101000.01100100.00000101
　　255.255.255.0　　11111111.11111111.11111111.00000000

与运算_____

结果为网络地址：

　　192.168.100.0　　11000000.10101000.01100100.00000000

将结果中的网络地址部分不变,主机地址变为全1

结果为广播地址:192.168.100.255　　　　11000000.10101000.01100100.11111111

主机的数量:$2^8-2=254$

主机的地址范围:网络地址+1(即192.168.100.1)~广播地址-1(即192.168.100.254)

【例2】IP 地址为128.36.199.3,子网掩码为255.255.240.0,请计算网络地址、广播地址、地址范围、主机数。

(1) 将 IP 地址和子网掩码换算为二进制。

128.36.199.3　　　　10000000.00100100.11000111.00000011

55.255.240.0　　　　11111111.11111111.11110000.00000000

(2) 将 IP 地址和子网掩码进行与运算,结果是网络地址。

128.36.199.3　　　　10000000.00100100.11000111.00000011

255.255.240.0　　　　11111111.11111111.11110000.00000000

与运算_____

网络地址:

128.36.192.0　　　　10000000.00100100.11000000.00000000

(3) 将运算结果中的网络地址不变,主机地址变为1,结果就是广播地址。

由网络地址:

128.36.192.0　　　　10000000.00100100.11000000.00000000

得广播地址:

128.36.207.255　　　　10000000.00100100.11001111.11111111

(4) 地址范围就是含在本网段内的所有主机的地址范围。

网络地址+1即为第一个主机地址,广播地址-1即为最后一个主机地址,由此可以得出本例主机的地址范围为128.36.192.1~128.36.207.254。

(5) 主机的数量。

$$主机的数量 = 2^{主机地址对应的二进制位数} - 2 = 2^{12} - 2 = 4094$$

从上面两个例子可以看出,不管子网掩码是标准的还是特殊的,计算网络地址、广播地址、地址范围时只要把地址换算成二进制,然后从子网掩码处分清楚,连续1之前的部分加上全0是网络地址,从网络地址+1开始为主机地址,然后进行相应计算即可。

四、实训作业

(1) 试辨认以下 IP 地址的网络类型。

① 128.36.199.3:_____。

② 21.12.240.17:_____。

③ 183.194.76.253:_____。

④ 192.12.69.248:_____。

⑤ 89.3.0.1:_____。

⑥ 200.3.6.2:_____。

（2）某单位分配到一个 B 类地址，其 net-id 为 129.250.0.0，该单位有 4000 多台机器，分布在 16 个不同的地点。若选用子网掩码为 255.255.255.0，试给每一个地点分配一个子网地址，并算出每个主机地址的最小值和最大值。

（3）C 类网络使用子网掩码有无实际意义？为什么？

（4）回答以下有关子网掩码的问题。

① 子网掩码为 255.255.255.0 代表什么意义？

② 一个网络现在的子网掩码为 255.255.255.248，问该网络能够连多少个主机？

③ 一个 A 类网络和一个 B 类网络的子网地址中对应的 Subnet-id 分别为 16bit 和 8bit，则这两个网络的子网掩码有何不同？

④ A 类网络的子网掩码为 255.255.0.255，它是否为一个有效的子网掩码？

局域网技术

知识点、技能点

- 网络的接口规范及虚拟局域网的划分。
- 局域网和广域网的链路层标准。
- 以太网交换机的工作原理。
- 双绞线线缆的制作标准。

学习要求

- 掌握网络的接口规范及虚拟局域网的划分方法。
- 掌握局域网和广域网的链路层标准。
- 掌握以太网交换机的工作原理。

教学基础要求

- 能够搭建局域网,并熟练使用网络工具。
- 掌握双绞线线缆的制作标准。

项 目 分 析

网络用传输介质将孤立的主机连接到一起,使之能够互相通信,完成数据传输功能。目前,最为普及的计算机网络传输介质是双绞线电缆、光纤和微波。50Ω 同轴电缆在 20 世纪 90 年代初期扮演着局域网传输介质的主要角色,但是在我国,从 20 世纪 90 年代中期开始被双绞线电缆所淘汰。最近几年,随着 Cable Modem 技术的引入,大量使用 75Ω 电视同轴电缆实现互联网接入,同轴电缆又回到了计算机网络传输介质的行列。

一、电缆传输介质

1. 信号和电缆的频率特性

从数量上看,全球计算机网络的传输介质中,电缆占 95%。

有三种类型的电信号:模拟信号、正弦波信号和数字信号,如图 2-1 所示。模拟信号是一种连续变化的信号。正弦波信号实际上还是模拟信号。但是由于正弦波信号是一个特殊的模拟信号,所以在这里把它单独作为一个信号类型。模拟信号的取值是连续的。数字信号是一种0、1变化的信号。数字信号的取值是离散的。数据既可以用模拟信号表示,也可以用数字信号表示。

计算机是一种使用数字信号的设备,因此计算机网络最直接、最高效的传输方法就是使用数字信号。在一些应用场合不得不使用模拟信号传输数据时,需要先把数字信号转换成模拟信号。待数据传送到目的地后,再转换回数字信号。

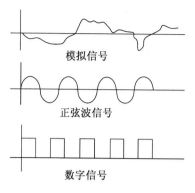

图2-1　信号的种类

不管是模拟信号还是数字信号,它们都是由大量频率不同的正弦波信号合成的。信号理论解释为:任何一个信号都是由无数个谐波(正弦波)组成的。数学解释为:任何一个函数都可以用傅里叶级数展开为一个常数和无穷个正弦函数。

图2-2中,A_0是信号$y(t)$的直流成分;$\sin\omega_1 t$、$\sin\omega_2 t$、$\sin\omega_3 t$……是$y(t)$的谐波;A_1、A_2、A_3……是各个谐波的大小(强度);ω_1、ω_2、ω_3……是谐波的频率。随着频率的增长,谐波的强度减弱。到了一定的频率ω_i,其信号强度A_i会小到忽略不计。也就是说,一个信号$y(t)$的有效谐波不是无穷多的,信号$y(t)$可以被认为是由有限个谐波组成的,其最高频率的谐波的频率是ω_{max}。

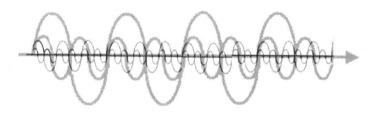

$$y(t) = A_0 + A_1\sin\omega_1 t + A_2\sin\omega_2 t + A_3\sin\omega_3 t + \cdots\cdots$$

图2-2　任意一个信号$y(t)$都是由不同频率ω_i的谐波组成的

一个信号有效谐波所占的频带宽度,就称为这个信号的频带宽度,简称频宽或带宽。模拟量的电信号的频率比较低,如声音信号的带宽为20Hz～20kHz。数字信号的频率要高很多,因为从示波器看它的图像,其变化得要较模拟信号锐利得多(图2-1)。数字信号的高频成分非常丰富,有效谐波的最高频率一般都在几十兆赫兹。

为了把信号不失真地传送到目的地,传输电缆需要把信号中所有的谐波不失真地传送过去。遗憾的是传输电缆只能传输一定频率的信号,太高频率的谐波将会急剧衰减而丢失。例如,普通电话线电缆的带宽是2MHz,它能轻松地传输语音电信号。但是对于数字信号(几十兆赫兹),电话电缆就无法传输了。因此如果用电话电缆传输数字信号,就必须把它调制成模拟信号才能传输。

过高频率的谐波通过电缆后衰减得厉害的原因是电缆自身形成的电感和电容作用,而谐波的频率越高,电缆自身形成的电感和电容对其产生的阻抗就越大。

不同电缆具有不同的传输带宽。一个信号能不能不失真地使用某种类型的电缆,取决于电缆的带宽是否大于信号的带宽。

使用数字信号传输的优势是抗干扰能力强,传输设备简单。缺点是需要传输电缆具有较高的带宽。使用模拟信号传输对传输介质的要求较低,但是抗干扰能力弱。

容易混淆的是,不管英语还是汉语,"带宽 Bandwidth"这个术语既被拿来描述网络电缆的频率特性,又被用于描述网络的通信速度。更容易混淆的是都用 k、M 来表示其单位。描述网络电缆的频率特性时,我们用 kHz、MHz,简称 k、M;描述网络的通信速度时,我们用 kbps、Mbps,仍然简称 k、M。

2. 非屏蔽双绞线

非屏蔽双绞线是最常用的网络连接传输介质,如图 2-3 所示。非屏蔽双绞线有 4 对具绝缘塑料包皮的铜线。8 根铜线每两根互相绞扭在一起,形成线对。线缆绞扭在一起的目的是相互抵消彼此之间的电磁干扰。扭绞的密度沿着电缆循环变化,可以有效地消除线对之间的串扰。每米扭绞的次数需要精确地遵循规范设计,也就是说双绞线的生产加工需要非常精密。

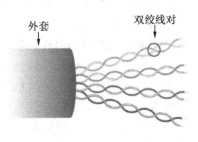

图 2-3 非屏蔽双绞线

因为非屏蔽双绞线的英文名字是 Unshielded Twisted-Pair Cable,所以非屏蔽双绞线简称为 UTP 电缆。

UTP 电缆的 4 对线中,有两对作为数据通信线,另外两对作为语音通信线。因此,在电话和计算机网络的综合布线中,一根 UTP 电缆可以同时提供一条计算机网络线路和两条电话通信线路。

UTP 电缆有许多优点,即直径细,容易弯曲,易于布放。价格便宜也是 UTP 电缆的重要优点之一。UTP 电缆的缺点是其对电磁辐射采用简单扭绞、互相抵消的处理方式。因此,在抗电磁辐射方面,UTP 电缆相对同轴电缆(电视电缆和早期的 50Ω 网络电缆)处于下风。

人们曾一度认为 UTP 电缆还有一个缺点就是数据传输的速度上不去。但事实上,UTP 电缆现在可以传输高达 1000Mbps 的数据,是铜缆中传输速度最快的。

3. 屏蔽双绞线

屏蔽双绞线即 Shielded Twisted-Pair Cable,简称 STP,它结合了屏蔽、电磁抵消和线对扭绞的技术。STP 电缆兼有同轴电缆和 UTP 电缆的优点。

在以太网中,STP 可以完全消除线对之间的电磁串扰。最外层的屏蔽层可以屏蔽来自电缆外的电磁 EMI 干扰和无线电 RFI 干扰。

STP 电缆的缺点主要有两点:一是价格贵,二是安装复杂。安装复杂是因为 STP 电缆的屏蔽层接地问题。电缆线对的屏蔽层和外屏蔽层都要在连接器处与连接器的屏蔽金属外壳可靠连接。交换设备、配线架也都需要良好接地。因此,STP 电缆不仅材料本身成本高,而且安装的成本也相应增加。

有一种 STP 电缆的变形,叫 ScTP。ScTP 电缆把 STP 中各个线对上的屏蔽层取消,只留下最外层的屏蔽层,以降低线材的成本和安装复杂程度。ScTP 中线对之间串绕的克服与 UTP 电缆一样由线对的扭绞抵消来实现。ScTP 电缆的安装相对 STP 电缆要简单多了,这是因为免除了线对屏蔽层的接地工作。图 2-4 为屏蔽双绞线。

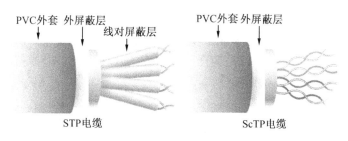

图 2-4　屏蔽双绞线

屏蔽双绞线抗电磁辐射的能力很强，适合于在工业环境和其他有严重电磁辐射干扰或无线电辐射干扰的场合布放。另外，屏蔽双绞线的外屏蔽层有效地屏蔽了线缆本身对外界的辐射。在军事、情报、使馆，以及审计署、财政部这样的政府部门，都可以使用屏蔽双绞线来有效地防止外界对线路数据的电磁侦听。对于线路周围有敏感仪器的场合，屏蔽双绞线可以避免对它们的干扰。

然而，屏蔽双绞线的端接需要可靠地接地，不然，反而会引入更严重的噪声。这是因为屏蔽双绞线的屏蔽层此时就会像天线一样去感应所有周围的电磁信号。

4．双绞线的频率特性

双绞线有很高的频率响应特性，可以高达 600MHz，接近电视电缆的频响特性。双绞线电缆的分类依据其频率响应特性，具体如下。

（1）5 类双绞线（Category 5）：频宽为 100MHz。

（2）超 5 类双绞线（Enhanced Category 5）：频宽仍为 100MHz，串扰、时延差等其他性能参数要求更严格。

（3）6 类双绞线（Category 6）：频宽为 250MHz。

（4）7 类双绞线（Category 7）：频宽为 600MHz。

快速以太网的传输速度是 100Mbps（bits per second），其信号的频宽约为 70MHz；ATM 网的传输速度是 150Mbps，其信号的频宽约为 80MHz；千兆网的传输速度是 1000Mbps，其信号的频宽为 100MHz。因此，用 5 类双绞线电缆能够满足所有常用网络传输对频率响应特性的要求。

6 类双绞线是一个较新级别的电缆，其频率带宽可以达到 250MHz。2002 年 7 月 20 日，TIA/EIA-568-B.2.1 公布了 6 类双绞线的标准。6 类双绞线除了要保证频率带宽达到更高要求外，其他参数的要求也颇为严格，如串扰参数必须在 250MHz 的频率下测试。

7 类双绞线是欧洲提出的一种屏蔽电缆 STP 的标准，其计划带宽是 600MHz。目前还没有制定出相应的测试标准。

双绞线的分类通常简写为 CAT 5、CAT 5e、CAT 6、CAT 7。

5．双绞线的端接

为了连接 PC、集线器、交换机和路由器，双绞线电缆的两端需要端接连接器。在 100Mbps 快速以太网中，网卡、集线器、交换机、路由器用双绞线连接需要两对线，一对用于发送，另外一对用于接收。

根据 EIA/TIA-T568 标准的规定，PC 的网卡和路由器使用 1、2 线对作为发送端，3、6

线对作为接收端。交换机和集线器与之相反,使用3、6线对作为发送端,1、2线作为接收端。因此,当把一台 PC 与交换机或集线器连接时,使用如图2-5所示的直通线。使用如图2-6所示的交叉电缆,可以把两台计算机互连。使用交叉电缆把两台计算机连接在一起,是最简单的网络连接方法。

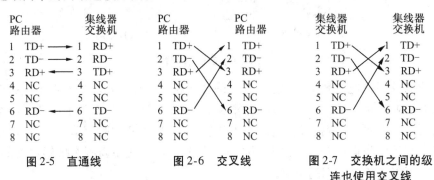

图2-5 直通线　　图2-6 交叉线　　图2-7 交换机之间的级连也使用交叉线

对于交换机和集线器,有时候为了扩充端口的数量,或者延伸网络的长度(双绞线电缆 UTP 和 STP 的最大连接长度是100m),需要多台交换机和集线器级连。由于交换机和集线器的发送端和接收端设置相同,所以它们自己之间的互连也需要使用如图2-7所示的交叉电缆。

交换机和集线器的发送端口与接收端口的设置与计算机网卡的设置正好相反,其目的是使计算机与交换机和集线器的连接线缆的端接简化。我们知道,制作 UTP 的直通线要比制作交叉线简单。尤其是需要先在建筑物内布线,再用 UTP 跳线将计算机与交换机连接在一起的场合,直通线的使用可以避免线序的混乱,如图2-8所示。

6. 双绞线及双绞线端接的测试

为保证信号可靠传输,对传输介质以及线缆的布放和端接必须进行全面的测试。借助电缆测试仪器进行的这些测试是网络能够在高速度、

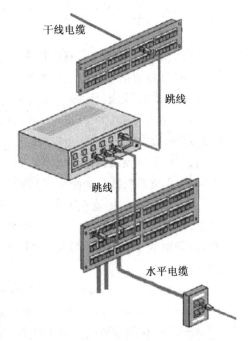

图2-8 建筑物内的网络布线

高频率的条件下可靠工作的必要保证。最后的性能参数必须满足某一个公认的测试标准。目前国际流行的有三个标准:美国的 ANSI/TIA/EIA-568 标准、ISO/IEC 11801 标准、欧洲的 EN 50173 标准。

主要的双绞线电缆及双绞线电缆布放和端接的测试参数如下:

线序 Wire map

连接 Connection

电缆长度 Cable length

直流电阻 DC resistance

阻抗 Impedance

衰减 Attenuation

近端串扰 Near-end crosstalk（NEXT）

功率和近端串扰 Power sum near-end crosstalk（PSNEXT）

等效远端串扰 Equal-level far-end crosstalk（ELFEXT）

功率和远端串扰 Power sum equal-level far-end crosstalk（PSELFEXT）

回返损失 Return loss

传导延时 Propagation delay

时延差 Delay skew

线序测试是指测试双绞线两端的 8 条线是否正确端接。当然，线序测试也测试了线缆是否有断路或开路。线序测试也完成了连接测试，确保线缆质量及端接的可靠。

根据 TIA/EIA-568 标准，双绞线电缆长度不得超过 100m。

直流电阻和交流阻抗超标，会造成衰减指标超标。直流电阻太大，会使电信号的能量消耗为热能。交流阻抗过大或过小，会造成两端设备的输入电路和输出电路阻抗不匹配，导致一部分信号像回声一样反射回发送端设备，造成接收端信号衰弱。另外，交流阻抗在整个线缆长度上应该保持一致。不仅从端点测试的交流阻抗需要满足规范，而且沿着线缆的所有部位都应该满足规范。

回返损失测试由于沿线缆长度上交流阻抗不一致而导致的信号能量的反射。回返损失用分贝来表示，是测试信号与反射信号的比值。因此，电缆测试仪上回返损失测试结果的读数越大越好。TIA/EIA-568 标准规定回返损失应该大于 10dB。

衰减是所有电缆测试的重要参数，指信号通过一段电缆后信号幅值的降低。电缆越长，直流电阻和交流阻抗越大，信号频率越高，衰减就越大。

如图 2-9 所示，串扰是指一根线缆的电磁波辐射到另外一根线缆。当一对线缆中的电压变化时，就会产生电磁辐射能量，这个能量就像无线电信号一样发射出去。而另外一对线缆此时就会像天线一样，接收这个辐射能量。频率越高，串扰就越显著。双绞线则需要依靠绞扭来抵消这样的辐射。如果电缆不合格，

图 2-9　串扰

或者端接的质量不合格，双绞线依靠绞扭来抵消串扰的能力就会降低，造成通信质量下降，甚至不能通信。

TIA/EIA-568 标准中规定，5 类双绞线的近端串扰值不大于 24dB 方为合格。新的网络工程师们直接的感觉是测试结果的近端串扰数值越小，质量应该越好。可为什么近端串扰数值越大越好呢？原因是 TIA/EIA-568 标准中规定，5 类双绞线的近端串扰值是在信号发射端的测试信号的电压幅值与串扰信号幅值之比。比的结果用负的分贝数来表示。负的数值越大，反映噪声越小。传统上，电缆测试仪并不显示负数，所以从测试仪上读出 30dB（实际的结果是 -30dB）比读数为 20dB 要好。

电缆测试仪在测试串扰时，先在一对线缆中发射测试信号，然后测试另外一对线缆中

的电压数值。这个电压就是由于串扰而产生的。

我们知道,近端串扰随着频率升高而显著。因此,我们在测试近端串扰的时候应该按照 ISO/IEC 11801 标准或 TIA/EIA-568 标准,对所有规定的频率完成测量。有些电缆测试仪为了缩短测试时间,只在几个频率点上测试。这样就容易忽视隐藏频率测试点上的链路故障。

等效远端串扰是指远离发射端的另外一端形成的串扰噪声。由于衰减的原因,一般情况下,如果近端串扰测试合格,远端串扰的测试也能够通过。

功率和近端串扰是指来自所有其他线对的噪声之和。在早期的双绞线中我们只使用两对线缆来完成通信,一对用于发送,另外一对用于接收。另外两对电话线对的语音信号频率较低,串扰很微弱。但是,随着 DSL 技术的使用,数据线旁边电话线对的语音线也会有几兆频率的数据信号。另外,千兆以太网开始使用所有 4 对线,经常会有多对线同时向一个方向传输信号。近代通信中,多对线缆中同时通信的串扰的汇聚作用对信号是十分有害的。因此,TIA/EIA-568-B 开始规定需要测试功率和串扰。

造成直流电阻、交流阻抗、衰减、串扰等指标超标的原因除了有线缆质量的可能外,更多的是端接质量差。如果测试出上述指标或某项指标超标,一般都判断是端接问题。剪掉原来的 RJ-45 连接器,重新端接,一般都可以排除这类故障。图 2-10 为端接的质量示意图。

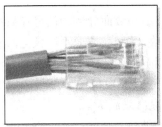 

质量差的端接　　　　　　　　　合格的端接

图 2-10　端接的质量

传导延时反映了信号沿导线传输的速度,传导延时的大小取决于电缆的长度、线绞的疏密以及电缆本身的电特性。长度、线绞是随应用而定的,所以传导延时主要是测试电缆本身电特性是不是合格。TIA/EIA-568-B 对不同类的双绞线有不同的传导延时标准,对于 5 类 UTP 电缆,TIA/EIA-568-B 规定不得大于 1μs。

传导延时测量是电缆长度测量的基础,测试仪器测量电缆长度是依据传导延时完成的。由于电线是扭绞的,所以信号在导线中行进的距离要多于电缆的物理长度。电缆测试仪器在测量时,发送一个脉冲信号,这个脉冲信号沿同线路反射回来的时间就是传导延时。这样的测试方法被称为时域反射仪测试(Time Domain Reflectometry Test,即 TDR 测试)。

TDR 测试不仅可以用来测试电缆的长度,也可以测试电缆中短路或断路的地方。当测试脉冲碰到开路或短路的地方时,脉冲的部分能量,甚至全部能量都会反射回测试仪器,这样就可以计算出线缆故障的大体部位。

信号沿一条 UTP 电缆的不同线对传输,其延迟会有一些差异,这是由线缆电特性不一致造成的。TIA/EIA-568-B 标准中的时延差 Delay skew 参数指的就是这种差异。延迟差异对于高速以太网(比如千兆以太网)的影响非常大。这是因为高速以太网使用几个线对同时传输数据,如果延迟差异太大,从几对线分别送出的数据在接收端就无法正确地装配。

对于没有使用那么高速度的以太网(如百兆以太网),因为数据不会拆开用几对数据线同时传送,所以工程师往往不注意这个参数。但是,在升级到高速以太网的时候时延差参数不合格的电缆就会引起麻烦。

TIA/EIA-568-B 中 5 类双绞线电缆的测试标准如下:

长度(Length)　　　　　　　＜90m
衰减(Attenuation)　　　　　＜23.2dB
传导延时(Propagation delay)　＜1.0μs
直流电阻(DC resistance)　　　＜40Ω
近端串扰(Near-end crosstalk loss)　＞24dB
回返损耗(Return loss)　　　　＞10dB

要完成电缆测试,就必须使用电缆测试仪器。便携式电缆测试仪器的价格平均在 3 万元人民币左右。如图 2-11 所示是 Fluke DSP-LIA013 电缆测试仪,它是大多数网络工程师所熟悉的便携式电缆测试仪,可对超 5 类双绞线电缆进行测试。

图 2-11　Fluke DSP-LIA013 电缆测试仪

最后需要强调的是,网络布线不仅需要采购合格的材料(包括线缆和连接器),而且需要合格的施工(包括布放和端接)。电缆测试应该在施工完成后进行。这时进行测试不仅测试了线缆的质量,而且也测试了连接器、耦合器,更重要的是测试了线缆布放的质量和端接的质量。

二、光纤传输介质

1. 光缆

光缆是高速、远距离数据传输的最重要的传输介质,多用于局域网的骨干线段、局域网的远程互联。在用 UTP 电缆传输千兆位的高速数据还不成熟的时候,实际网络设计中工程师在千兆位的高速网段上完全依赖光缆。即使现在已经有可靠的用 UTP 电缆传输千兆位高速数据的技术,但由于 UTP 电缆的距离限制(100m),因此骨干网仍然要使用光缆(局域网上使用的多模光纤的标准传输距离是 2km)。

光缆完全没有对外的电磁辐射,也不受任何外界电磁辐射的干扰。所以在周围电磁辐射严重的环境下(如工业环境中),以及需要防止数据被非接触侦听的情况下,光纤是一种可靠的传输介质。

在使用光缆数据传输时,在发送端用光电转换器将电信号转换为光信号,并发射到光缆的光导纤维中传输。在接收端,光接收器再将光信号还原成电信号。

光缆由光纤、塑料包层、卡夫勒抗拉材料和外护套构成,如图 2-12 所示。

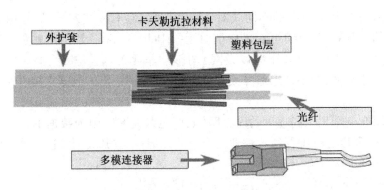

图 2-12　光缆

光纤用来传递光脉冲,有光脉冲相当于数据1,没有光脉冲相当于数据0。光脉冲使用可见光的频率,约为 10^8 MHz 的量级。因此,一个光纤通信系统的带宽远远大于其他传输介质的带宽。

塑料包层作为光纤的缓冲材料,用来保护光纤。有两种塑料包层的设计,即松包裹和紧包裹。大多数在局域网中使用的多模光纤使用紧包裹,这时缓冲材料直接包裹到光纤上。松包裹用于室外光缆,这时在光纤上增加涂抹垫层后再包裹缓冲材料。

卡夫勒抗拉材料的作用是防止在布放光缆的施工中因拉拽光缆而损坏内部的光纤。

外护套使用 PVC 材料或橡胶材料。室内光缆多使用 PVC 材料,室外光缆则多使用含金属丝的黑橡胶材料。

2. 光纤数据传输的原理

光纤由纤芯和硅石覆层构成。纤芯是由氧化硅和其他元素组成的石英玻璃,用来传输光射线。硅石覆层的主要成分也是氧化硅,但是其折射率要小于纤芯。

光纤传输利用光学的全反射定律。当光线从折射率高的纤芯射向折射率低的覆层的时候,其折射角大于入射角,如图 2-13 所示。如果入射角足够大,就会出现全反射,即光线碰到覆层时就会折射回纤芯。这个过程不断重复下去,光也就沿着光纤传输下去了。

现代的生产工艺可以制造出超低损耗的光纤,光可以在光纤中传输数千米而基本上没有什么损耗。在布线施工中,施工人员甚至在几十米远的地方利用手电筒的光用肉眼来测试光纤的布放情况或分辨光纤的线序(注意,切不可在光发射器工作的时候用这样的方法,激光对眼睛会有伤害)。

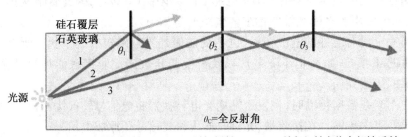

1: $\theta_1 < \theta_C$,反射+折射; 2: $\theta_2 = \theta_C$,反射+折射; 3: $\theta_3 > \theta_C$,所有入射光将全部被反射

图 2-13　全反射原理

由全反射原理可以知道,光发射器光源发出的光必须在某个角度范围才能在纤芯中产生全反射。纤芯越粗,这个角度范围就越大。当纤芯的直径减小到只有一个光的波长时,则光的入射角度就只有一个,而不是一个范围。

光纤中可以存在多条不同入射角度的光线,不同入射角度的光线会沿着不同折射线路传输,这些折射线路被称为"模"。如果光纤的直径足够大,以至存在多个入射角而形成多条折射线路,这种光纤就是多模光纤。图 2-14 为单模光纤和多模光纤。

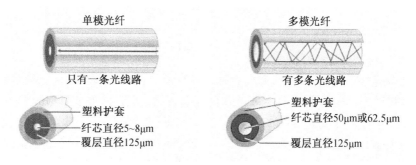

图 2-14　单模光纤和多模光纤

单模光纤的直径非常小,只有一个光的波长。因此单模光纤只有一个入射角度,光纤中只有一条光线路。

单模光纤的特点是:

(1) 纤芯直径小,只有 5～10μm。
(2) 几乎没有散射。
(3) 适合远距离传输,标准传输距离达 3km,非标准传输可以达几十千米。
(4) 使用激光光源。

多模光纤的特点是:

(1) 纤芯直径比单模光纤大,有 50～62.5μm 或更大。
(2) 散射比单模光纤大,因此有信号的损失。
(3) 适合远距离传输,但是比单模光纤小,标准距离为 2km。
(4) 使用 LED 光源。

可以简单地记忆为:多模光纤纤芯的直径约为单模光纤的 10 倍。多模光纤使用发光二极管作为发射光源,而单模光纤使用激光光源。通常看到的用 50/125 或 62.5/125 表示的光缆就是多模光纤。如果在光缆外套上印有 9/125 的字样,即说明这是单模光纤。

在光纤通信中,常用的三个波长是 850nm、1310nm 和 1550nm,这些波长都跨红色可见光和红外光。后两种频率的光,在光纤中的衰减比较小。850nm 波段的光衰减比较大,但在此波段的光波其他特性比较好,因此也被广泛使用。

单模光纤使用 1310nm 和 1550nm 的激光光源,在长距离远程连接局域网中使用。多模光纤使用 850nm、1300nm 发光二极管 LED 光源,被广泛地用于局域网中。图 2-15 为光纤种类示意图。

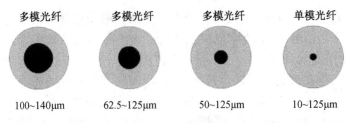

图 2-15　光纤的种类

三、无线传输介质

1. 无线传输使用的频段

UTP 电缆、STP 电缆和光缆都是有线传输介质。由于无线传输无须布放线缆,这使得其在计算机网络通信中的应用越来越多。可以预见,在未来的局域网传输介质中,无线传输介质将逐渐成为主角。

无线数据传输使用无线电波和微波,可选择的频段很广。目前在计算机网络通信中占主导地位的是 2.4GHz 的微波。表 2-1 为计算机网络使用的频段。

表 2-1　计算机网络使用的频段

频率	划分	主要用途
300Hz	超低频 ELF	—
3kHz	次低频 ILF	—
30kHz	甚低频 VLF	长距离通信、导航
300kHz	低频 LF	广播
3MHz	中频 MF	广播、中距离通信
30MHz	高频	广播、长距离通信
300MHz	微波(甚高频 VHF)	移动通信
2.4GHz	微波	计算机无线网络
3GHz	微波(超高频 UHF)	电视、广播
5.6GHz	微波	计算机无线网络
30GHz	微波(特高频 SHF)	微波通信
300GHz	微波(极高频 EHF)	雷达

2. 无线网络的构成和设备

由微波组成的无线局域网称为 WLAN,图 2-16 为一个 WLAN 示意图。

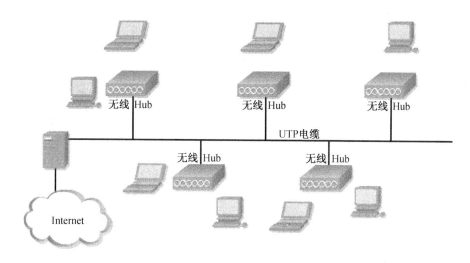

图 2-16　无线局域网 WLAN

搭建 WLAN 需要的设备少到可以只有两种,即无线 Hub 和无线网卡,分别如图 2-17 和图 2-18 所示。搭建 WLAN 比搭建有线网络要简单得多,只需把无线网卡插入台式计算机或笔记本计算机,把无线 Hub 通上电,网络就搭建完成了。

图 2-17　无线 Hub

图 2-18　无线网卡

无线 Hub 在一个区域内为无线节点提供连接和数据包转发,其覆盖的范围大小取决于天线的尺寸和增益的大小。通常无线 Hub 的覆盖范围是 91.44～152.4m(300～500in)。为了覆盖更大的范围,就需要多个无线 Hub,如图 2-16 所示。在图中我们可以看到,各个无线 Hub 的覆盖区域需要有一定的重叠,这一点很像移动通信中基站之间的重叠。覆盖区域重叠的目的是允许设备在 WLAN 中移动。虽然没有规范明确规定重叠的深度,但是一般的工程师在考虑无线 Hub 的位置时,将重叠部分设置为 20%～30%。这样的设置,使得 WLAN 中的笔记本计算机可以漫游,而不至于出现通信中断的情况。

当一台主机希望使用 WLAN 的时候,它首先需要扫描侦听可以连接的无线 Hub。寻找可以连接的无线 Hub 的方法是向空中发出一个请求包,该包带有一个服务组标识 SSID (注意,在网络中"标识"这个术语指的就是编号)。每个 WLAN 都会给自己设置一个服务组标识,并配置到这个网内的主机和无线 Hub 上。因此,当具有相同 SSID 的无线 Hub 收到一个请求包的时候,它就会发送一个应答包。经过身份验证后,连接就建立完成了。

WLAN 的传输速度随主机与 Hub 的距离而变化。距离越远,通信的信号越弱,因此就需要放慢通信速度来克服噪声,如图 2-19 所示。WLAN 这种自适应传输速度调整技术 ARS 与 ADSL 技术很相似。目前流行的 WLAN 速度平均为 10Mbps。

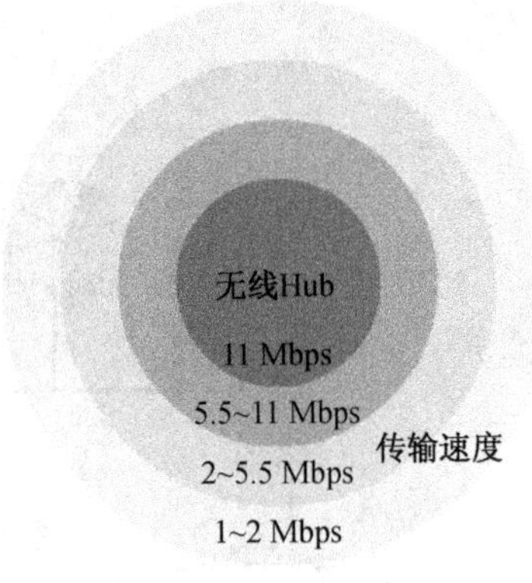

图 2-19 WLAN 的传输速度随距离而变化

四、国际标准化组织

网络传输介质的物理特性和电器特性需要有一个全球化的标准。这样的标准需要得到生产厂商、用户、标准化组织、通信管理部门和行业团体的支持。

计算机网络标准化的最权威部门是国际电信联盟 ITU。国际电信联盟是一个协商组织,成立于 1865 年,现在是联合国的一个专门机构。国际电信联盟 ITU 的下属机构是国际电报电话咨询委员会 CCITT(也称 ITU-T,国际电信联盟远程通信标准化组织)。CCITT 提出的一系列标准,涉及数据通信网络、电话交换网络、数字系统等。CCITT 由其成员组成,通过协商或表决来协调确定统一的通信标准。CCITT 的成员包括各国政府的代表和 AT&T、GTE 这样的大型通信企业。

国际标准化组织 ISO 是一个非官办的机构,它由每一个成员国的国家标准化组织组成。ISO 是一个全面的标准化组织,制定网络通信标准是其工作的组成部分。ISO 在网络通信标准的制定方面有时与 CCITT 发生冲突。事实上,ISO 总是希望打破大企业对某个行业标准的垄断。ISO 的标准没有行政上的约束,中、小厂商对它较为支持。大型通信企业由于其市场规模大而独立制定标准,并不理会 ISO 制定的标准。但是,大型企业之间需要标准来维持共同的市场,它们在制定共同技术标准的时候往往发生冲突。这时,需要 ISO 出面商定最终标准。所以,ISO 与大型企业之间是冲突和妥协的关系。ISO 制定的知名网络标准就是传输介质电器性能标准 ISO/IEC 11801。

美国国家标准学会 ANSI 是美国一个全国性的技术情报交换中心,协调在美国实现标准化的非官方的行动。在与美国大型通信企业的关系上,ANSI 与 ISO 的立场总是一致的,因为它本身就是 ISO 的成员。ANSI 在开发 OSI 数据通信标准、密码通信、办公室系统方面非常活跃。

欧洲计算机制造商协会 ECMA 致力于欧洲的通信技术和计算机技术的标准化。它不是一个贸易性组织,而是一个标准化和技术评议组织。ECMA 的一些分会积极地参与了 CCITT 和 ISO 的工作。

涉及网络通信介质标准制定的最直接的组织是美国电信工业协会 TIA 和美国电子工业协会 EIA。在完成这方面工作的时候,两个组织通常联合发布所制定的标准。例如,网络布线有名的 TIA/EIA 568 标准,是由这两个协会与 ANSI 共同发布的,该标准也是我国和其他许多国家承认的标准。TIA 和 EIA 原来是美国的两个贸易联盟,但多年以来它们一直积极从事标准化的发展工作。EIA 发布的最出名的标准就是 RS-232-C,也是在我国最流行的串行接口标准。

电气和电子工程师协会 IEEE 是由技术专家支持的组织。由于它在技术上的权威性(而不是大型企业依靠其市场规模所获的发言权),多年来 IEEE 一直积极参与或被邀请参与标准化的活动。IEEE 是一个知名的技术专业团体,它的分会遍布世界各地。IEEE 在局域网方面的影响力是最大的。著名的 IEEE 802 标准已经成为局域网链路层协议、网络物理电气性能标准和物理尺寸方面最权威的标准。

以上介绍的国际标准化组织之间的关系如图 2-20 所示。

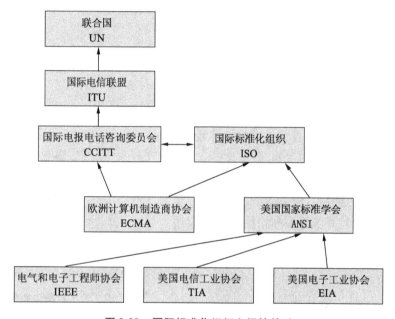

图 2-20 国际标准化组织之间的关系

五、组建简单网络

要组建一个基本的网络,只需要一台集线器(Hub)或一台交换机、几块网卡和几十米 UTP 电缆就能完成。这样搭建起来的小网络虽然简易,却是全球数量最多的网络。在那些只有二三十人的小型公司、办公室、分支机构中,经常能看到这样的小网络。

事实上,这样的简单网络是更复杂网络的基本单位。把这些小的、简单的网络互连到一起,就形成了更复杂的局域网 LAN。再把局域网互连到一起,就组建出了广域网 WAN。

1. 最简单的网络

如图 2-21 所示,简单用一个集线器(Hub)就可以将数台计算机连接到一起,使计算机之间可以互相通信。在购买一台集线器后,只需要简单地用双绞线电缆把各台计算机与集线器连接到一起,并不需要再做其他事情,一个简单的网络就搭建成功了。

集线器的功能是帮助计算机转发数据包,它是最简单的网络设备,价格也非常便宜。通常,一个 24 口的集线器只需要几百元钱。

集线器的工作原理非常简单。当集线器从一个端口收到数据包时，它便简单地将数据包向所有端口转发。

于是，当一台计算机向另外一台计算机发送数据包时，实际上集线器把这个数据包转发给了所有的计算机。

发送主机发送出的数据包有一个报头，报头中装着目标主机的地址（称为 MAC 地址），只有那台 MAC 地址与报头中封装的目标 MAC 地址相同的计算机才抄收数据包。所以，尽管源主机的数据包被集线器转发给了所有计算机，但是，只有目标主机才会接收这个数据包。

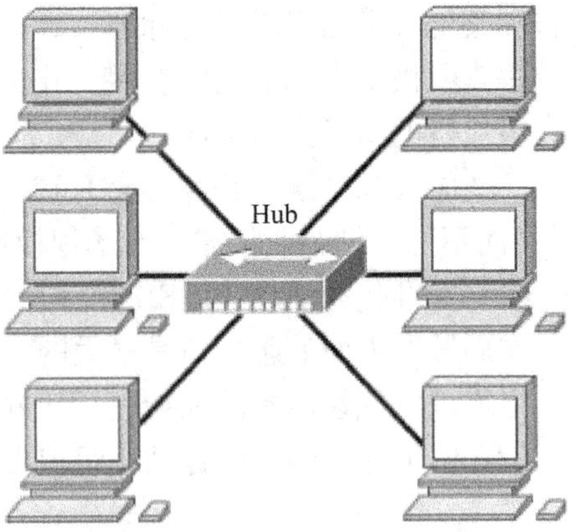

图 2-21 简单的网络连接

2. 网络连接的基本技术

（1）数据封装——计算机网络通信的基础。

从上面的描述中可以看出，一个数据包在发送前，主机需要为每个数据段封装报头。在报头中，最重要的东西就是地址了。

如图 2-22 所示，数据包在传送之前，需要被分成一个个的数据段，然后为每个数据段封装上三个报头（帧报头、IP 报头、TCP 报头）和一个报尾。被封装好了报头和报尾的一个数据段，被称为一个数据帧。将数据分段的目的有两个：便于数据出错重发和通信线路的争用平衡。

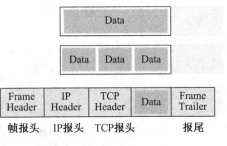

图 2-22 数据包的分段与封装

如果在通信过程中数据出错，则需要重发数据。如果一个 2MB 的数据包没有被分段，一旦出现数据错误，就需要将整个 2MB 的数据重发。如果将之划分为若干 1500B 的数据段，将只需要重发出错的数据段。

当多个主机的通信需要争用同一条通信线路时，如果数据包被分段，争用到通信线路的主机将只能发送一个 1500B 的数据段，然后就需要重新争用。这样就避免了一台主机独占通信线路，进而实现多台主机对通信线路的平衡使用。

由图 2-22 可见，一个数据段需要封装三个不同的报头：帧报头、IP 报头和 TCP 报头。帧报头中封装了目标 MAC 地址和源 MAC 地址；IP 报头中封装了目标 IP 地址和源 IP 地址；TCP 报头中封装了目标 port 地址和源 port 地址。因此，一个局域网的数据帧中封装了 6 个地址：一对 MAC 地址、一对 IP 地址和一对 port 地址。

前面已经介绍了 MAC 主机地址的使用方法。我们知道，用集线器连网的时候，不管它是不是给本主机的数据包，它都会被发到本主机的网卡上来，由网卡判断这一帧数据是不是发给自己的，需要还是不需要抄收。

除了 MAC 地址外，每台主机还需要有一个 IP 地址。为什么一个主机需要两个地址呢？因为 MAC 地址只是给主机地址编码，当搭建更复杂一点的网络时，不仅要知道目标主机的地址,还需要知道目标主机在哪个网络上。因此,还需要目标主机所在网络的网络地址。IP 地址中就包含有网络地址和主机地址两个信息。当数据包要发给其他网络的主机时,互联网络的路由器设备需要查询 IP 地址中网络地址部分的信息,以便选择准确的路由,把数据包发往目标主机所在的网络。为此,我们可以理解为:MAC 地址是用于网段内寻址,而 IP 地址则用于网间寻址。

当数据通过 MAC 地址和 IP 地址联合寻址到达目标主机后,目标主机怎么处理这个数据呢?目标主机把这个数据交给某个应用程序去处理,如邮件服务程序、浏览器程序(如大家熟悉的 IE)。报头中的目标端口地址(port 地址)正是用来为目标主机指明它该用什么程序来处理接收到的数据的。

由此可见,要完成数据的传输,需要三级寻址,即

    MAC 地址： 网段内寻址

    IP 地址：   网间寻址

    端口地址： 应用程序寻址

一个数据帧的尾部有一个帧报尾。报尾用于检查一个数据帧从发送主机传送到目标主机的过程中是否完好。报尾中存放的是发送主机放置的称为 CRC 校验的校验结果。接收主机用同样的校验算法进行计算,将计算的结果与发送主机的计算结果进行比较,如果两者不同,说明本数据帧已经损坏,需要丢弃。

目前流行的帧校验算法有 CRC 校验、Two-dimensional parity 校验和 Internet checksum 校验。

(2) MAC 主机地址。

MAC 地址(Media Access Control ID)是一个 6 字节的地址码,每块主机网卡都有一个 MAC 地址,由生产厂家在生产网卡的时候固化在网卡的芯片中。

如图 2-23 所示,MAC 地址 00-60-2F-3A-07-BC 的高 3 个字节是生产厂家的企业编码 OUI,如 00-60-2F 是思科公司的企业编码;低 3 个字节 3A-07-BC 是随机数。MAC 地址以一定概率保证一个局域网网段里的各台主机的地址唯一。

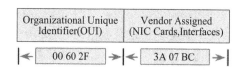

图 2-23   MAC 地址的结构

有一个特殊的 MAC 地址:ff-ff-ff-ff-ff-ff。这个二进制全为 1 的 MAC 地址是广播地址,表示这帧数据不是发给某台主机的,而是发给所有主机的。

在安装 Windows 7 的计算机上,可以在"命令提示符"窗口用 Ipconfig/all 命令查看到本机的 MAC 地址。

由于 MAC 地址是固化在网卡上的,如果更换了主机里的网卡,这台主机的 MAC 地址也就随之改变了。MAC 地址也称为主机的物理地址或硬件地址。

3. 网络适配器——网卡

网卡 Network Interface Card (NIC)安装在主机中,是主机向网络发送和从网络中接收数据的直接设备。

网卡中固化了 MAC 地址,它被烧在网卡的 ROM 芯片中。主机在发送数据前,需要使用这个地址作为源 MAC 地址封装到帧报头中。当有数据到达时,网卡中有硬件比较器电

路,将数据帧中的目标 MAC 地址与自己的 MAC 地址进行比较。只有两者相等的时候,网卡才抄收这帧数据包。当然,如果数据帧中的目标 MAC 地址是一个广播地址,网卡也要抄收这帧数据包。

网卡抄收完一帧数据后,将利用数据帧的报尾(4 个字节长)进行数据校验。校验合格的帧将上交给 IP 程序,校验不合格的帧将会被丢弃。

网卡通过插在计算机主板上的总线插槽与计算机相连。目前计算机有三种总线类型:ISA、EISA 和 PCI。较新的 PC 一般都提供 PCI 插槽。图 2-24 所示的网卡就是一块 PCI 总线的网卡。

网卡的一部分功能在网卡上完成,另外一部分功能则在计算机里完成。网卡在计算机上完成的功能称为

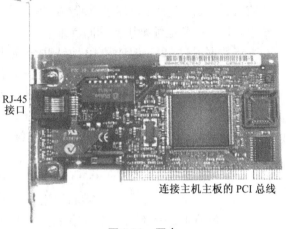

图 2-24 网卡

网卡驱动程序。Windows XP、Windows 7 搜集了常见的网卡驱动程序,当把网卡插入 PC 的总线插槽后,Windows 的即插即用功能就会自动配置相应的驱动程序,非常简便。用右键单击 Windows 的"网上邻居",选择属性,看在窗口中是否有"本地连接"图标。如果在窗口中看不见"本地连接"图标,说明 Windows 找不到这种型号的网卡驱动程序。这时需要自己安装驱动程序(网卡驱动程序应在随网卡一起购买的 CD 或软盘中)。

4. 以太网

如前所述,用一个集线器连接起来的网络,当一对主机正在通信的时候,其他计算机的通信就必须等待。也就是说,当一台主机需要发送数据之前,它需要侦听通信线路,如果有其他主机的载波信号,就必须等待。只有在它争用到通信线路的时候,它才能够使用通信介质发送数据。这种通信线路争用的技术方案称为总线争用介质访问。以太网是使用总线争用技术的网络。在以太网中,如果有多台主机需要同时通信,那么这些主机谁率先争得传输介质(通信线路),谁就将获得发送数据的权利。

如图 2-25 所示,另外一种传输介质访问技术称为令牌网技术。使用令牌网技术的令牌网,需要另外一种集线器,叫令牌网集线器。令牌网集线器能够生成令牌数据帧,它将轮流向各个主机发送令牌帧。只有得到令牌的主机才有权利发送数据,其他主机只有在令牌到达时才被允许使用传输介质。

令牌网的最大缺点是,即使网络不拥挤,需要发送数据的主机也要等待令牌轮转到自己才能发送数据,降低了通信效率。就这一点而言,以太网比令牌网有优势。但是,在网络拥挤的情况下,以太网中可

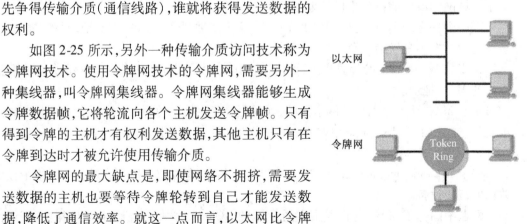

图 2-25 介质访问控制技术

能出现一些主机争得介质的次数多,而另外一些主机争得介质的次数少的情况,也就是介质访问次数上的不均衡。

IEEE 将以太网的规范编制为 802.3 协议,而将令牌网的规范编制为 802.5 协议。如果说一个网络采用 802.3 协议,那么这个网络就是一个以太网络。802.3 协议和 802.5 协议区分了两种不同的介质访问控制技术。

在 20 世纪 90 年代中期,以太网和令牌网互有优势。但是,由于以太网交换机技术的普及、结构和协议上的简捷、价格便宜,尤其是以太网传输速度提高得极快(可达 100Mbps、1000Mbps,甚至更高),令牌网逐渐退出了与以太网的竞争。在目前新建设的网络中,几乎见不到令牌网的踪影了。

在不同的网上,802.3 数据帧是完全不一样的。在以太网中,802.3 数据帧的格式如图 2-26 所示。

IEEE 802.3						
7	1	6	6	2	46 to 1500	4
Preamble	Start of Frame Delimeter	Destination Address	Source Address	Length/ Type	Data	Frame Check Sequence

图 2-26 802.3 的帧格式

一个数据帧的报头由 7 个字节的同步字段、1 个字节的起始标记、6 个字节的目标 MAC 地址、6 个字节的源 MAC 地址、2 个字节的帧长度/类型、46~1500 字节的数据和 4 字节的帧报尾组成。如果不算 7 个字节的同步字段和 1 个字节的起始标记字段,802.3 帧报头的长度是 14 个字节。一个 802.3 帧的长度最小是 64 字节,最长是 1518 字节。

同步字段(Preamble):这是由 7 个连续的 01010101 字节组成的同步脉冲字段。这个字段在早期的 10M 以太网中用来进行时钟同步,在现在的快速以太网中已经不用了。但是该字段还是保留着,以便让快速以太网与早期的以太网兼容。

起始标记字段(Start of Frame Delimiter):这个字段是一个固定的标志字 10101011。该字段用来表示同步字段结束,一帧数据开始。

目标 MAC 地址字段(Destination Address):目标主机的 MAC 地址。如果是广播,则放广播 MAC 地址 11111111。

源 MAC 地址字段(Source Address):发送数据的主机的 MAC 地址。

帧长度/类型字段(Length/Type):当这个字段的数字小于等于十六进制数 0x0600 时,表示长度;大于 0x0600 时,表示类型。"长度"是指从本字段以后的本数据帧的字节数。"类型"则表示接收主机上层协议类型。例如,上层协议是 ARP 协议,这个字段应该填写 0x0806;上层协议是 IP 协议,这个字段应该填写 0x0800。

数据字段(Data):这是一帧数据的数据区。数据区最小为 46 个字节,最大为 1500 个字节。规定一帧数据的最小字节数是为了定时的需要,如果不够,则需要填充。

帧校验字段(Frame Check Sequence, FCS):FCS 字段包含一个 4 字节的 CRC 校验值。这个值由发送主机计算并放入 CRC 字段,然后由接收主机重新计算。接收主机将重新计算的结果与 FCS 中发送主机存放的 CRC 结果相比较,如果不相等,则表明此帧数据已经在传输过程中损坏。

在 IEEE 802.3 之前，还有一个以太网的标准叫 Ethernet，老的网络工程师都熟悉 Ethernet（以太网英文即 Ethernet）。Ethernet 帧格式与 802.3 帧格式的主要区别就在于长度/类型字段。Ethernet 帧格式里用这个字段表示上层协议的类型，而在 802.3 中则用这个字段表示长度。后来 IEEE 802.3 逐渐成为以太网的主流标准，IEEE 为了兼容 Ethernet，便同时用这个字段表示长度和类型。用 0x0600 的值来区分到底是长度还是类型。

必须注意的是，数据字段中的内容并不全是数据，还包含 802.2 报头、IP 报头和 TCP 报头。不要吃惊一帧中实际传送的数据如此小，ATM 技术一帧（即一个信元）只有 53 个字节，除去 5 个字节的报头外，一个信元中只含有 48 个字节的数据。

六、以太网交换机

1. 以太网交换机的工作原理

以太网交换机如图 2-27 所示，它用以替代集线器将 PC、服务器和外设连接成一个网络。

图 2-27　以太网交换机

集线器是一个总线共享型的网络设备，在用集线器连接组成的网段中，当两台计算机通信时，其他计算机的通信就必须等待，这样的通信效率是很低的。而交换机区别于集线器之处是能够同时提供点对点的多个链路，从而大大提高了网络的带宽。

交换机的核心是交换表，交换表是一个交换机端口与 MAC 地址的映射表，如图 2-28 所示。

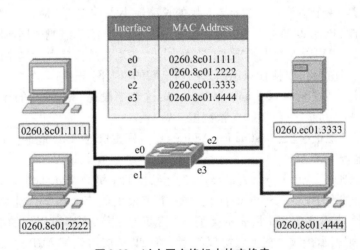

图 2-28　以太网交换机中的交换表

一帧数据到达交换机后，交换机从其帧报头中取出目标 MAC 地址，通过查表，得知应该向哪个端口转发，进而将数据帧从正确的端口转发出去。图 2-28 中，当左上方的计算机希望与右下方的计算机通信时，左上方主机将数据帧发给交换机。交换机从 e0 端口收到数据帧后，从其帧报头中取出目标 MAC 地址 0260.8c01.4444。通过查交换表，得知应该向 e3 端口转发，进而将数据帧从 e3 端口转发出去。

可以看到，在 e0、e3 端口进行通信的同时，交换机的其他端口仍然可以通信，如 e1、e2

之间仍然可以同时通信。

如果交换机在自己的交换表中查不到该向哪个端口转发,则向所有端口转发。当然,广播数据报(目标 MAC 地址为 FFFF.FFFF.FFFF 的数据帧)到达交换机后,交换机将广播报文向所有端口转发。因此,交换机有两种数据帧将会向所有端口转发:广播帧和用交换表无法确认转发端口的数据帧。

交换机的核心是交换表,那么交换表是如何得到的呢?交换表是通过自学习得到的。我们来看看交换机是如何学习生成交换表的。

交换表放置在交换机的内存中。交换机刚上电的时候,交换表是空的。当 0260.8c01.1111 主机向 0260.8c01.2222 主机发送报文的时候,交换机无法通过交换表得知应该向哪个端口转发报文。于是,交换机将向所有端口转发。

虽然交换机不知道目标主机 0260.8c01.2222 在自己的哪个端口,但是它知道报文来自 e0 端口。因此,转发报文后,交换机便把帧报头中的源 MAC 地址 0260.8c01.1111 加入到其交换表 e0 端口行中。

交换机对其他端口的主机也是这样辨识其 MAC 地址的。经过一段时间后,交换机通过自学习,得到完整的交换表。

可以看到,交换机的各个端口都没有自己的 MAC 地址,交换机各个端口的 MAC 地址是它所连接的 PC 的 MAC 地址。

当交换机级联的时候,连接到其他交换机的主机的 MAC 地址都会捆绑到本交换机的级联端口。这时,交换机的一个端口会捆绑多个 MAC 地址,如图 2-29 中的 e1 端口。

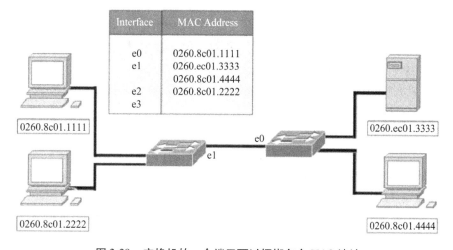

图 2-29　交换机的一个端口可以捆绑多个 MAC 地址

为了避免交换表中的垃圾地址,交换机对交换表有遗忘功能,即交换机每隔一段时间就会清除自己的交换表,重新学习、建立新的交换表。这样做付出的代价是重新学习花费的时间和对带宽的浪费,但这是迫不得已而必须做的。新的智能化交换机,可以选择遗忘那些长时间没有通信流量的 MAC 地址,进而改进交换机的性能。

如果用以太网交换机连接一个简单的网络,不需要对新交换机做任何配置,将各个主机连接到交换机上就可以工作了。这时,使用交换机与使用集线器联网同样简单。

2. 以太网交换机的类型

目前以太网交换机主要采用以下两种交换方式：直通式（cut through）和存储转发式（store and forward）。

（1）直通式：交换控制器收到以太端口的报文包时，读出帧报头中的目标 MAC 地址，查询交换表，将报文包转发到相应端口。

（2）存储转发式：接收到的报文包首先接受 CRC 校验；然后根据帧报头中的目标 MAC 地址和交换表，确定转发的输出端口；再把该报文包放到那个输出端口的高速缓冲存储器中排队、转发。

直通式交换机接收报文包时几乎只要接收到报头中的目标 MAC 地址就可以立即转发，不需要等待收到整个数据帧。而存储转发式交换机需要收到整个报文包并完成 CRC 校验后才转发，所以存储转发式与直通式相比，缺点是延迟相对大一些。但存储转发式交换机不再转发损坏了的报文包，节省了网络带宽和其他网络设备的 CPU 时间。存储转发式交换机的每个端口提供高速缓冲存储器，可靠性高，且适用于速度不同链路之间的报文包转发。另外，服务质量优先 QoS 技术也只能在存储转发式交换机中实现。

七、网络协议与标准

最知名的网络协议就是 TCP/IP 协议了。事实上，TCP/IP 协议是一个协议集，由很多协议组成。TCP 和 IP 是这个协议集中的两个协议，TCP/IP 协议集是用这两个协议来命名的。

TCP/IP 协议集中每一个协议涉及的功能，都用程序来实现。TCP 协议和 IP 协议有对应的 TCP 程序和 IP 程序。TCP 协议规定了 TCP 程序需要完成哪些功能，如何完成这些功能，以及 TCP 程序所涉及的数据格式。

根据 TCP 协议我们了解到，网络协议是一个约定，该约定规定了：

（1）实现这个协议的程序要完成什么功能。

（2）如何完成这个功能。

（3）实现这个功能需要的通信报文包的格式。

如果一个网络协议涉及了硬件的功能，通常就被称为标准，而不再称为协议了。所以，叫标准还是叫协议基本是一回事，都是一种功能、方法和数据格式的约定，只是网络标准还需要约定硬件的物理尺寸和电气特性。最典型的标准就是 IEEE 802.3，它是以太网的技术标准。

制定协议、标准的目的是让各个厂商的网络产品可互相通用，尤其是在完成具体功能的方法和通信格式方面。如果没有统一的标准，各个厂商的产品就无法通用。例如，使用 Windows 操作系统的主机发出的数据包，只有微软公司自己设计的交换机才能识别并转发，这样，计算机网络将无法进行正常的通信。

为了完成计算机网络的通信，参与网络通信的软硬件就需要完成一系列功能，例如，为数据封装地址、对出错数据进行重发、当接收主机无法承受时对发送主机的发送速度进行控制等。为实现每一个功能都需要设计相应的协议，这样，各个生产厂家就可以根据协议开发出能够互相通用的网络软硬件产品。

ISO 发布了著名的开放系统互联参考模型(Open System Interconnection Reference Model),简称 OSI。OSI 模型详细规定了网络需要实现的功能、实现这些功能的方法以及通信报文包的格式。

但是,没有一个厂家遵循 OSI 模型来开发网络产品。不论是对网络操作系统还是网络设备,厂家不是遵循自己制定的协议(如 Novell 公司的 Novell 协议、苹果公司的 AppleTalk 协议、微软公司的 NetBEUI 协议、IBM 公司的 SNA),就是遵循某个政府部门制定的协议(如美国国防部高级研究工程局 DARPA 的 TCP/IP 协议)。网卡和交换机这一级的产品则多是遵循电气和电子工程师协会 IEEE 发布的 IEEE 802 规范,而 IEEE 在组织结构上应该远处于 ISO 组织的下方。

尽管如此,各种其他协议的制定者在开发自己的协议时都参考了 ISO 的 OSI 模型,且在 OSI 模型中能够找到对应的位置。因此,学习了 OSI 模型,再去解释其他协议就变得非常容易了。事实上,就像人体架构模型对医学院的学生一样,OSI 模型几乎成了网络课教学的必备工具。

20 世纪 90 年代初曾经流行的 SPX/IPX 协议的地位现在已经被 TCP/IP 协议所取代,其他的网络协议,如 AppleTalk、DecNet 等也在迅速退出历史舞台。因此,现在的网络工程师只要了解 TCP/IP 一个协议,就可以应付 99% 的网络技术问题了。要注意的是,IBM 公司在自己的大型机系统的通信中仍坚持 SNA 协议。

最后要强调的是,每一个协议都要有对应的程序(少量底层协议还涉及硬件电路的物理特性和电气特性)。例如,在了解 TCP 协议的时候,要知道它是为各个厂家(微软、HP、中软等企业)编写 TCP 程序制定的。了解一个协议,也就是了解它所对应的程序是如何工作的。

八、OSI 模型

学习 OSI 模型很重要,许多网络书籍或网络方面的文章,都会涉及 OSI 模型。

OSI 模型详细规定了网络需要实现的功能、实现这些功能的方法以及通信报文包的格式。所有有关网络的教科书都会介绍 OSI 模型,同样,几乎所有对 OSI 模型的介绍都讨论它对网络功能的描述。

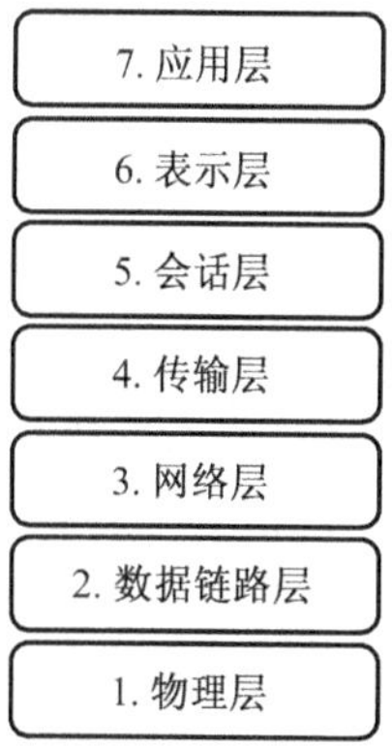

OSI 模型把网络功能分成 7 大类,并从顶到底如图 2-30 按层次排列起来,这种结构正好描述了数据发送前在发送主机中被加工的过程。待发送的数据首先被应用层的程序加工,然后下放到下面一层继续加工。最后,数据被装配成数据帧,发送到网线上。

OSI 的 7 层协议是自下向上编号的,如图 2-30 所示,当我们说"出错重发是传输层的功能"时,我们也可以说"出错重发是第 4 层的功能"。

当需要把一个数据文件发往另外一个主机之前,这个数据要经历这 7 层协议的每一层的加工。例如,我们要把一封邮件发往服务器,当我们在 Outlook 软件中编辑完成,按发送键后,Outlook 软件就

| 7. 应用层 |
| 6. 表示层 |
| 5. 会话层 |
| 4. 传输层 |
| 3. 网络层 |
| 2. 数据链路层 |
| 1. 物理层 |

图 2-30 OSI 模型的 7 层协议

会把我们的邮件交给第7层中根据POP3或SMTP协议编写的程序。POP3或SMTP程序按自己的协议整理数据格式,然后发给下面层的某个程序。每个层的程序(除了物理层,它是硬件电路和网线,不再加工数据)也都会对数据格式做一些加工,还会用报头的形式增加一些信息。例如,传输层的TCP程序会把目标端口地址加到TCP报头中;网络层的IP程序会把目标IP地址加到IP报头中;数据链路层的802.3程序会把目标MAC地址装配到帧报头中。经过加工后的数据以帧的形式交给物理层,物理层的电路再以位流的形式将数据发送到网络中。

接收方主机经历的过程是相反的。物理层接收到数据后,以相反的顺序遍历OSI的所有层,使接收方收到这个电子邮件。

我们需要了解,数据在发送主机沿第7层向下传输的时候,每一层都会给它加上自己的报头。在接收方主机,每一层都会阅读对应的报头,拆除自己层的报头把数据传送给上一层。

下面我们用表2-2的形式概述OSI 7层模型每一层的网络功能。

表2-2 OSI 7层模型每一层的网络功能

层	功能规定
第7层:应用层	提供与用户应用程序的接口port;为每一种应用的通信在报文上添加必要的信息
第6层:表示层	定义数据的表示方法,使数据以可以理解的格式发送和读取
第5层:会话层	提供网络会话的顺序控制;解释用户和机器名称
第4层:传输层	提供端口地址寻址(TCP);建立、维护、拆除连接;流量控制;出错重发;数据分段
第3层:网络层	提供IP地址寻址;支持网间互联的所有功能(路由器、三层交换机)
第2层:数据链路层	提供链路层地址(如MAC地址)寻址;介质访问控制(如以太网的总线争用技术);差错检测;控制数据的发送与接收(网桥、交换机)
第1层:物理层	提供建立计算机和网络之间通信所必需的硬件电路和传输介质

ISO在OSI模型中描述各个层的网络功能时,术语使用相当准确,但是比较抽象,读者可以暂时忽略表2-2中不容易理解的内容。实际上要了解网络通信的原理,主要应了解第7、4、3、2、1层的功能和实现方法。OSI的第7、4、3层在TCP/IP协议中都有对应的层,我们将在介绍TCP/IP协议时详细讨论。对于第2、1层,IEEE提供的802标准中有具体的实现方法,我们将在介绍IEEE 802时详细讨论。待读者学习完后续的有关TCP/IP协议和IEEE标准的内容后,再回来看表2-2,就可以理解OSI对7层协议的描述了。我们现在需要做的只是记住各层的名字。

九、TCP/IP协议

TCP/IP协议是互联网中使用的协议,现在几乎成了Windows、UNIX、Linux等操作系统中唯一的网络协议了(微软似乎也放弃它自己的 NetBEUI 协议了)。也就是说，没有一个操作系统开发商按照 OSI 协议的规定编写自己的网络系统软件,但都编写了 TCP/IP 协议要求编写的所有程序。

图 2-31 中列出了 OSI 模型和 TCP/IP 模型各层的英文名字,了解这些层的英文名是很重要的。

TCP/IP 协议是一个协议集,它由十几个协议组成。从名字上我们已经看到了其中的两个协议:TCP 协议和 IP 协议。

图 2-32 显示了 TCP/IP 协议集中各个协议之间的关系。

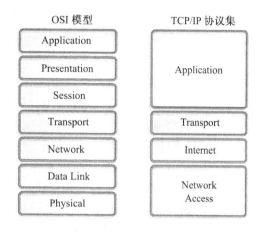

图 2-31　DSI 模型和 TCP/IP 协议集

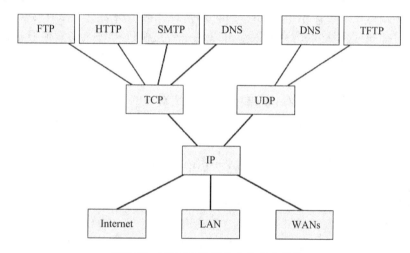

图 2-32　TCP/IP 协议集中的各个协议

TCP/IP 协议集给出了实现网络通信第三层以上的几乎所有协议,非常完整。今天,微软、HP、IBM、中软等几乎所有操作系统开发商都在自己的网络操作系统部分中实现了 TCP/IP,编写了 TCP/IP 要求编写的每一个程序。

主要的 TCP/IP 协议有:

(1) 应用层:FTP、TFTP、HTTP、SMTP、POP3、SNMP、DNS、Telnet。

(2) 传输层:TCP、UDP。

(3) 网络层:IP、ARP(地址解析协议)、RARP(逆向地址解析协议)、DHCP(动态 IP 地址分配协议)、ICMP(Internet Control Message Protocol)、RIP、IGRP、OSPF(后三个属于路由协议)。

POP3、DHCP、IGRP、OSPF 虽然不是 TCP/IP 协议集的成员,但都是非常知名的网络协议,我们仍然把它们放到 TCP/IP 协议的层次中来,这样可以更清晰地了解网络协议的全貌。

TCP/IP 协议是由美国国防部高级研究工程局(DAPRA)开发的。美国军方委托不同企业开发的网络需要互联,可是各个网络的协议都不相同。为此,需要开发一套标准化的协议,使得这些网络可以互联。同时,要求以后的承包商竞标的时候遵循这一协议。

1. 应用层协议

TCP/IP 的主要应用层程序有:FTP、TFTP、SMTP、POP3、Telnet、DNS、SNMP、NFS。这些协议的功能其实从其名称上就可以看出。

(1) FTP:文件传输协议。用于主机之间的文件交换。FTP 使用 TCP 协议进行数据传输,是一个可靠的、面向连接的文件传输协议。FTP 支持二进制文件和 ASCII 文件。

(2) TFTP:简单文件传输协议。它比 FTP 简易,是一个非面向连接的协议,使用 UDP 进行传输,因此传送速度更快。该协议多用在局域网中,交换机和路由器这样的网络设备用它把自己的配置文件传输到主机上。

(3) SMTP:简单邮件传输协议。

(4) POP3:这也是一个邮件传输协议,本不属于 TCP/IP 协议。POP3 比 SMTP 更科学,微软等公司在编写操作系统的网络部分时,也在应用层编写了相应的程序。

(5) Telnet:远程终端仿真协议。可以使一台主机远程登录到其他机器,成为那台远程主机的显示器和键盘终端。由于交换机和路由器等网络设备都没有自己的显示器和键盘,为了对它们进行配置,就需要使用 Telnet。

(6) DNS:域名解析协议。根据域名,解析出对应的 IP 地址。

(7) SNMP:简单网络管理协议。网管工作站搜集和了解网络中交换机、路由器等设备的工作状态所使用的协议。

(8) NFS:网络文件系统协议。允许网络上其他主机共享某机器目录的协议。

从图 2-32 可以看到,TCP/IP 协议的应用层协议有可能使用 TCP 协议进行通信,也可能使用更简易的传输层协议 UDP 完成数据通信。

2. 传输层协议

传输层是 TCP/IP 协议集中协议最少的一层,只有两个协议,即传输控制协议 TCP 和用户数据报协议 UDP。

TCP 协议要完成 5 个主要功能:端口地址寻址,连接的建立、维护与拆除,流量控制,出错重发,数据分段。

(1) 端口地址寻址。

网络中的交换机、路由器等设备需要分析数据包中的 MAC 地址、IP 地址,甚至端口地址。也就是说,网络要转发数据,需要 MAC 地址、IP 地址和端口地址的三重寻址。因此在数据发送之前,需要把这些地址封装到数据包的报头中。

那么,端口地址有什么用呢?可以想象数据包到达目标主机后的情形。当数据包到达目标主机后,链路层的程序会通过数据包的帧报尾进行 CRC 校验。校验合格的数据帧被去掉帧报头向上交给 IP 程序。IP 程序去掉 IP 报头后,再向上把数据交给 TCP 程序。待 TCP 程序把 TCP 报头去掉后,TCP 程序就可以通过 TCP 报头中由源主机指出的端口地址,了解到发送主机希望目标主机的什么应用层程序接收这个数据包。因此我们说,端口地址寻址是对应用层程序寻址。

图 2-33 表明了常用的端口地址。

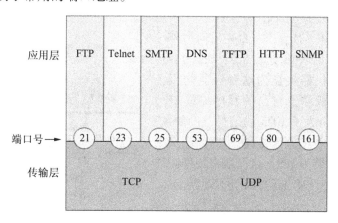

图 2-33　常用的端口地址

从图中我们注意到 WWW 所用 HTTP 协议的端口地址是 80。另外一个在互联网中频繁使用的应用层协议 DNS 的端口号是 53。TCP 和 UDP 的报头都需要支持端口地址。

目前，应用层程序的开发者都接受 TCP/IP 对端口号的编排。详细的端口号编排可以在 TCP/IP 的注释 RFC1700 中查到（RFC 文档资料可以在互联网上查到，对所有阅读者都是开放的）。

TCP/IP 规定端口号的编排方法如下：

① 低于 255 的编号：用于 FTP、HTTP 这样的公共应用层协议。

② 255～1023 的编号：提供给操作系统开发公司，为市场化的应用层协议编号。

③ 大于 1023 的编号：普通应用程序。

可以看到，社会公认度很高的应用层协议才能使用 1023 以下的端口地址编号；一般的应用程序通信，需要在 1023 以上进行编号。例如，在我们自己开发的审计软件中，涉及两个主机审计软件之间的通信，可以自行选择一个 1023 以上的编号。知名的游戏软件 CS 的端口地址设定为 26350。

端口地址的编码范围为 0～65535。1024～49151 范围的地址需要注册使用，49152～65535 范围的地址可以自由使用。

端口地址被源主机在数据发送前封装在其 TCP 报头或 UDP 报头中，图 2-34 给出了 TCP 报头的格式。

0	16	31
源端口地址	目标端口地址	
本数据段序号		
对方该发来的下一个数据段的序号		
报头长度　保留　报文性质码	要求对方发送窗口的大小	
校验和	紧急指针	
可选项		填充
数据 ……		

图 2-34　TCP 报头的格式

从图 2-34 TCP 报头的格式可以看到,端口地址使用两个字节 16 位二进制数来表示,被放在 TCP 报头的最前面。

计算机网络中约定,当一台主机向另外一台主机发出连接请求时,这台机器被视为客户机,而另外那台机器被视为这台机器的服务器。通常,客户机在给自己的程序编端口号时,随机使用一个大于 1023 的编号。例如,一台主机要访问 WWW 服务器,在其 TCP 报头中的源端口地址封装为 1391,目标端口地址则需要为 80,指明与 HTTP 通信,如图 2-35 所示。

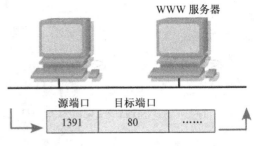

图 2-35　端口地址的使用

(2) TCP 连接的建立、维护与拆除。

TCP 协议是一个面向连接的协议。所谓面向连接,是指一个主机需要和另外一台主机通信时,要先呼叫对方,请求与对方建立连接。只有对方同意,才能开始通信。

这种呼叫与应答的操作非常简单。所谓呼叫,就是连接的发起方发送一个"建立连接请求"的报文包给对方。对方如果同意这个连接,就简单地发回一个"连接响应"的应答包,连接就建立起来了。

图 2-36 描述了 TCP 建立连接的过程。

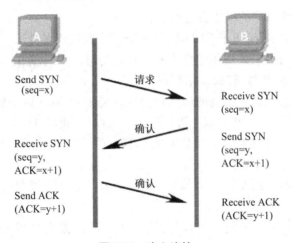

图 2-36　建立连接

主机 A 希望与主机 B 建立连接以交换数据,它的 TCP 程序首先构造一个请求连接报文包给对方。请求连接包的 TCP 报头中的报文性质码标志为 SYN(图 2-37),声明是一个"连接请求包"。主机 B 的 TCP 程序收到主机 A 的连接请求后,如果同意这个连接,就发回一个"确认连接包",应答主机 A。主机 B 的确认连接包的 TCP 报头中的报文性质码标志为 ACK。

SYN 和 ACK 是 TCP 报头中报文性质码的连接标志位(图 2-37)。建立连接时,SYN 标志置 1,ACK 标志置 0,表示本报文包是个同步 synchronization 包。确认连接的包,ACK 置 1,SYN 置 1,表示本报文包是个确认 acknowledgment 包。

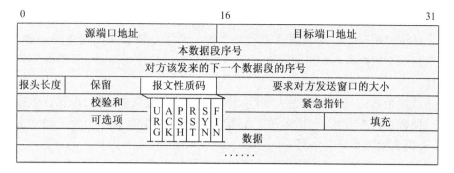

图 2-37　SYN 标志位和 ACK 标志位

从图 2-36 可以看到，建立连接还要有第三个包，即主机 A 对主机 B 的连接确认。主机 A 为什么要发送第三个包呢？

考虑这样一种情况：主机 A 发送一个连接请求包，但这个请求包在传输过程中丢失。主机 A 发现超时仍未收到主机 B 的连接确认，会怀疑有包丢失。主机 A 再重发一个连接请求包。第二个连接请求包到达主机 B，保证了连接的建立。

但是如果第一个连接请求包没有丢失，而只是网络慢而导致主机 A 超时，这就会使主机 B 收到两个连接请求包，使主机 B 误以为第二个连接请求包是主机 A 的又一个请求。第三个确认包就是为防止这样的错误而设计的，这样的连接建立机制被称为三次握手。

一些教科书给人们这样的概念：TCP 在数据通信之前先要建立连接，是为了确认对方是 active 并同意连接的，这样的通信才是可靠的。建立连接确实实现了这样的功能。但是从 TCP 程序设计的深层看，源主机 TCP 程序发送"连接请求包"是为了触发对方主机的 TCP 程序开辟一个对应的 TCP 进程，双方的进程之间传输数据。要知道的是：对方主机中开辟了多个 TCP 进程，分别与多个主机的多个 TCP 进程在通信。自己的主机也可以邀请对方开辟多个 TCP 进程，同时进行多路通信。

对方同意与你建立连接，对方就要分出一部分内存和 CPU 时间等资源运行与你通信的 TCP 进程（一种叫作 flood 的黑客攻击就是采用无休止地邀请对方建立连接，使对方主机开辟无数个 TCP 进程与之连接，最后耗尽对方主机的资源）。可以理解，当通信结束时，发起连接的主机应该发送拆除连接的报文包，通知对方主机关闭相应的 TCP 进程，释放所占用的资源。拆除连接报文包的 TCP 报头中，报文性质码的 FIN 标志位置 1，表明这是一个拆除连接的报文包。

为了防止连接双方的一方出现故障后异常关机，而另外一方的 TCP 进程无休止地驻留，任何一方如果发现对方长时间没有通信流量，就会拆除连接。但有时确实有一段时间没有流量而仍需保持连接，这就需要发送空的报文包，以维持这个连接。维持连接的报文包的英语名称非常直观，即 keepalive。为了在一段时间内没有数据发送仍保持连接而发送 keepalive 包，被称为连接的维护。

TCP 程序为实现通信而对连接进行建立、维护和拆除的操作，称为 TCP 的传输连接管理。

(3) TCP 报头中的报文序号。

TCP 是将应用层交给的数据分段后发送的。为了支持数据出错重发和数据段组装,TCP 程序为每个数据段封装的报头中设计了两个数据报序号字段,分别称为发送序号和确认序号。

出错重发是指一旦发现有丢失的数据段,可以重发丢失的数据,以保证数据传输的完整性。如果数据没有分段,出错后源主机就不得不重发整个数据。为了确认丢失的是哪个数据段,报文就需要安装序号。

另一方面,数据分段可以使报文在网络中的传输非常灵活。一个数据的各个分段,可以选择不同的路径到达目标主机。由于网络中各条路径在传输速度上不一致性,有可能前面的数据段后到达,而后面的数据段先到达。为了使目标主机能够按照正确的次序重新装配数据,也需要在数据段的报头中安装序号。

TCP 报头中的第三、四字段是两个基本点序号字段。发送序号表明本数据段是第几号报文包;接收序号表明对方该发来的下一个数据段是第几号段。确认序号实际上是已经接收到的最后一个数据段序号加 1。

如图 2-38 所示,左方主机发送 Telnet 数据,目标端口号(DES)为 23,源端口号(Source)为 1028。发送序号 Sequencing Numbers(SEQ)为 10,表明本数据是第 10 段。确认序号 Acknowledgement Numbers(ACK)为 1,表明左方主机收到右侧主机发来的数据段号为 0,表明右方主机应该发送的数据段号是 1。右方主机向左方主机发送的数据包中,发送序号是 1,确认序号是 11。确认序号是 11 表明右方主机已经接收到左方主机第 10 号包以前的所有数据段。

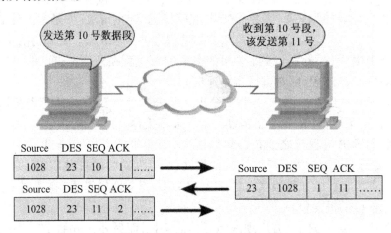

图 2-38 发送序号与确认序号

TCP 协议设计在报头中安装第二个序号字段是很精彩的。这样,对对方数据的确认随着本主机的数据发送而发送,并不是单独发送确认包,大大节省了网络带宽和接收主机的 CPU 时间。

(4) PAR 出错重发机制。

在网络中有两种情况会丢失数据包。一是如果网络设备(交换机、路由器)的负荷太大,当其数据包缓冲区满的时候,就会丢失数据包。另外一种情况是,在传输中因为噪声干扰、数据碰撞或设备故障,数据包会受到损坏,在接收主机的链路层接受校验时损坏的数据包就会被丢弃。

发送主机应能发现丢失的数据段,并重发出错的数据。TCP 使用称为 PAR 的出错重发方案(Positive Acknowledgment and Retransmission),这个方案也是许多协议均采用的方法。TCP 程序在发送数据时,先把数据段都放到其发送窗口中,然后再发送出去。PAR 会为发送窗口中每个已发送的数据段启动定时器。被对方主机确认收到的数据段,将从发送窗口中删除。如果某数据段的定时时间到,仍然没有收到确认,PAR 就会重发这个数据段。

在图 2-39 中,发送主机的 2 号数据段丢失。接收主机只确认了 1 号数据段。发送主机从发送窗口中删除已确认的 1 号包,放入 4 号数据段(发送窗口大小 =3,没有地方放更多的待发送数据段),将数据段 2、3、4 号发送出去。其中,数据段 2、3 号是重发的数据段。这张示意图描述了 PAR 的出错重发机制。

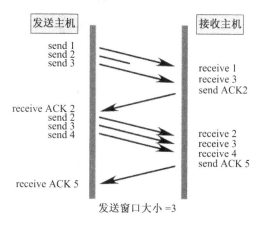

图 2-39　PAR 出错重发机制

细心的读者会发现,尽管数据段 3 已经被接收主机收到,但是仍然被重发。这显然是一种浪费。但是 PAR 机制只能这样处理。读者可能会问,为什么不能通知源主机哪个数据段丢失呢?那样的话,源主机可以一目了然,只需要发送丢失的段。但是如果连续丢失了十几个段,甚至更多,而 TCP 报头中只有一个确认序号字段,该通知源主机重发哪个丢失的数据段呢?单独设计一个数据包,用来通知源主机所有丢失的数据段也不行,因为如果通知源主机该重发哪些段的包也丢失了该怎么办呢?

PAR 出错重发机制 Positive Acknowledgment and Retransmission 中的"主动 Positive"一词,是指发送主机不是消极地等待接收主机的出错信息,而是会主动地发现问题,实施重发。虽然 PAR 机制有一些缺点,但是比起其他的方案,PAR 仍然是较科学的。

(5) 流量控制。

如果接收主机同时与多个 TCP 通信,接收的数据包需要在内存中排队重新组装。如果接收主机的负荷太大,因为内存缓冲区满,就有可能丢失数据。因此,当接收主机无法承受发送主机的发送速度时,就需要通知发送主机放慢数据的发送速度。

事实上，接收主机并不是通知发送主机放慢发送速度，而是直接控制发送主机的发送窗口大小。接收主机如果需要对方放慢数据的发送速度，就减小数据包中 TCP 报头里"发送窗口"字段的数值。对方主机必须服从这个数值，减小发送窗口的大小，从而降低发送速度。

在图 2-40 中，开始时发送主机发送窗口大小是 3，每次发送 3 个数据段。接收主机要求窗口大小为 1 后，发送主机调整了发送窗口大小，每次只发送一个数据段，因此降低了发送速度。

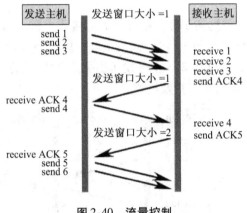

图 2-40 流量控制

极端的情况下，如果接收主机把窗口大小字段设置为 0，发送主机将暂停发送数据。有趣的是，尽管发送主机接受接收主机的窗口设置降低了发送速度，但是，发送主机自己会渐渐扩大窗口。这样做的目的是尽可能地提高数据发送的速度。在实际中，TCP 报头中窗口字段显示的不是数据段的个数，而是字节数。

（6）UDP 协议。

在 TCP/IP 协议集中设计了另外一个传输层协议——无连接数据传输协议（Connectionless Data Transport Protocol）。UDP 是一个简化了的传输层协议，它去掉了 TCP 协议 5 个功能中的 3 个功能，即连接建立、流量控制和出错重发，只保留了端口地址寻址和数据分段两个功能。

UDP 通过牺牲可靠性换得通信效率的提高，对于那些数据可靠性要求不高的数据传输，可以使用 UDP 协议来完成，如 DNS、SNMP、TFTP、DHCP。

UDP 报头的格式非常简单，核心内容只有源端口地址和目标端口地址两个字段，如图 2-41 所示。

0	16	31
源端口地址	目标端口地址	
长度	校验和	
数据		
……		

图 2-41 UDP 报头的格式

UDP 程序需要与 TCP 一样完成端口地址寻址和数据分段两个功能,但是它不能知道数据包是否到达目标主机,接收主机也不能抑制发送主机发送数据的速度。由于数据包中不再有报文序号,一旦数据包沿不同路由到达目标主机的次序出现变化,目标主机也无法按正确的次序纠正这样的错误。TCP 是一个面向连接的、可靠的传输;UDP 是一个非面向连接的、简易的传输。

3. 网络层协议

TCP/IP 协议集中最重要的成员是 IP 和 ARP,除了这两个协议外,网络层还有一些其他的协议,如 RARP、DHCP、ICMP、RIP、IGRP、OSPF 等。

十、IEEE 802 标准

TCP/IP 中没有对 OSI 模型最下面两层的实现,TCP/IP 协议主要是在网络操作系统中实现的。主机中应用层、传输层和网络层的任务由 TCP/IP 程序来完成,而主机 OSI 模型最下面两层数据链路层和物理层的功能则是由网卡制造厂商的程序和硬件电路来完成的。

网络设备厂商在制造网卡、交换机、路由器的时候,其数据链路层和物理层的功能依照 IEEE 制定的 802 规范开发,也没有按照 OSI 的具体协议开发。

IEEE 制定的 802 规范标准规定的数据链路层和物理层的功能如下:

(1) 物理地址寻址:发送方需要对数据包安装帧报头,将物理地址封装在帧报头中。接收方能够根据物理地址识别是否是发给自己的数据。

(2) 介质访问控制:如何使用共享传输介质,避免介质使用冲突。知名的局域网介质访问控制技术有以太网技术、令牌网技术、FDDI 技术等。

(3) 数据帧校验:校验数据帧在传输过程中是否受到了损坏,丢弃损坏了的帧。

(4) 数据的发送与接收:操作内存中的待发送数据向物理层电路中发送的过程。在接收方完成相反的操作。

IEEE 802 根据不同功能,有相应的协议规范,如标准以太网协议规范 802.3、无线局域网 WLAN 协议规范 802.11 等,统称为 IEEE 802x 标准。图 2-42 列出的是现在流行的 802 标准。

由图 2-42 可见,OSI 模型把数据链路层又划分为两个子层:逻辑链路控制(Logical Link Control, LLC) 子层和介质访问控制(Media Access Control, MAC) 子层。LLC 子层的任务是提供网络层程序与链路层程序的接口,使得链路层主体 MAC 层的程序设计独立于网络层的具体某个协议程序。这样的设计是必要的,例如新的网络层协议出现时,只需要为这个新的网络层协议程序写出对应的 LLC 层接口程序,

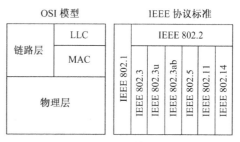

图 2-42　IEEE 协议标准

就可以使用已有的链路层程序,而不需要全部推翻过去的链路层程序。

MAC 层完成所有 OSI 对数据链路层要求的功能:物理地址寻址、介质访问控制、数据帧校验、数据发送与接收的控制。

IEEE 遵循 OSI 模型,也把数据链路层分为两层,设计出 IEEE 802.2 协议与 OSI 的 LLC 层对应,并完成相同的功能(事实上,OSI 把数据链路层划分出 LLC 是非常科学的,IEEE 没有道理不借鉴 OSI 模型如此的设计)。

可见,IEEE 802.2 协议对应的程序是一个接口程序,提供了流行的网络层协议程序(IP、ARP、IPX、RIP 等)与数据链路层的接口,使网络层的设计成功地独立于数据链路层所涉及的网络拓扑结构、介质访问方式、物理寻址方式。

IEEE 802.1 有许多子协议,其中有些已经过时。新的 IEEE 802.1Q、IEEE 802.1D 协议(1998 年)是最流行的 VLAN 技术和 QoS 技术的设计标准规范。

IEEE 802x 的核心标准是十余个跨越 MAC 子层和物理层的设计规范,目前我们关注的是如下知名的规范:

(1) IEEE 802.3:标准以太网标准规范,提供 10M 局域网的介质访问控制子层和物理层设计标准。

(2) IEEE 802.3u:快速以太网标准规范,提供 100M 局域网的介质访问控制子层和物理层设计标准。

(3) IEEE 802.3ab:千兆以太网标准规范,提供 1000M 兆局域网的介质访问控制子层和物理层设计标准。

(4) IEEE 802.5:令牌环网标准规范,提供令牌环介质访问方式下的介质访问控制子层和物理层设计标准。

(5) IEEE 802.11:无线局域网标准规范,提供 2.4G 微波波段 1～2Mbps 低速 WLAN 的介质访问控制子层和物理层设计标准。

(6) IEEE 802.11a:无线局域网标准规范,提供 5G 微波波段 54Mbps 高速 WLAN 的介质访问控制子层和物理层设计标准。

(7) IEEE 802.11b:无线局域网标准规范,提供 2.4G 微波波段 11Mbps WLAN 的介质访问控制子层和物理层设计标准。

(8) IEEE 802.11g:无线局域网标准规范,提供 IEEE 802.11a 和 IEEE 802.11b 的兼容标准。

(9) IEEE 802.14:有线电视网标准规范,提供 Cable Modem 技术所涉及的介质访问控制子层和物理层设计标准。

在上述规范中,我们忽略掉一些不常见的标准规范。尽管 802.5 令牌环网标准规范描述的是一个停滞了的技术,但它是以太网技术的一个对立面,因此我们仍然将它列出,以强调以太网介质访问控制技术的特点。

另外一个曾经红极一时的数据链路层协议标准 FDDI 不是 IEEE 课题组开发的(从名称上能够看出它不是 IEEE 的成员),而是美国国家标准学会 ANSI 为双闭环光纤令牌网开发的协议标准。

项目实施

实训一 网络认识

一、实训目标

熟悉计算机网络中的各类传输介质,包括双绞线、同轴电缆、光纤、串行接口线缆等,并了解各种线缆的相应标准。熟悉常见的计算机网络设备,并了解各种网络设备的基本功能。

二、实训内容

(1)熟悉双绞线的线序、种类和各种双绞线(直通线和交叉线)的用途。
(2)了解同轴电缆、光纤、串行接口线缆的基本特征和用途。
(3)熟悉交换机、路由器、无线网关、无线网卡等网络设备的外形、特征及用途。

三、实训步骤

1. 双绞线(Twisted Pair)

双绞线也称为双扭线,它是最古老但又常用的传输媒体。把两根互相绝缘的铜导线并排放在一齐,然后用规则的方法绞合起来就构成了双绞线。绞合可减少对相邻导线的电磁干扰。使用双绞线最多的地方是电话系统,几乎所有的电话都用双绞线连接到电话交换机。

(1)双绞线的种类。

① 屏蔽双绞线 STP(Shielded Twisted Pair)(图2-43)。

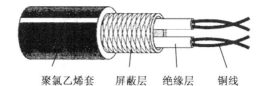

图2-43 屏蔽双绞线结构图

② 非屏蔽双绞线 UTP(Unshielded Twisted Pair)(图2-44)。

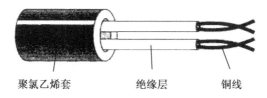

图2-44 非屏蔽双绞线结构图

(2) 双绞线的线序(图2-45)。

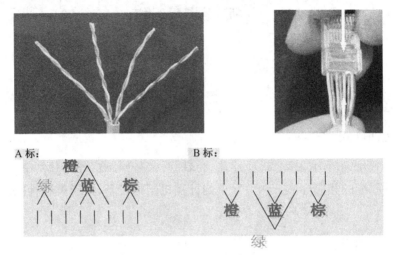

图 2-45　双绞线的线序示意图

2．同轴电缆(Coaxial Cable)

同轴光缆由内导体铜质芯线(单股实心线或多股绞合线)、绝缘层、网状编织的外导体屏蔽层(也可以是单股的)以及保护塑料外层组成(图2-46)。由于外导体屏蔽层的作用,同轴电缆具有很好的抗干扰特性,现被广泛用于传输较高速率的数据。按特性阻抗数值的不同,同轴电缆通常可分为50Ω同轴电缆和70Ω同轴电缆两种。

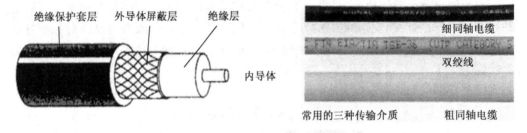

图 2-46　同轴电缆结构图

3．光纤(Optical Fiber)

光纤是光纤通信的传输媒体,图2-47是光纤的结构与传输原理图。在发送端应有光源,可以采用发光二极管或光导体激光器,它们在电脉冲的作用下能产生出光脉冲。光纤通常是由非常透明的石英玻璃拉成的细丝,主要由纤芯和包层构成双层通信圆柱体。纤芯很细,其直径只有 8～100μm,光波正是通过纤芯进行传导的。

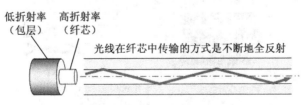

图 2-47　光纤的结构与传输原理

在光纤通信中常用的三个波段的中心分别位于 $0.85\mu m$、$1.30\mu m$、$1.55\mu m$。光缆适用于长距离传输、布线条件特殊的场合,以及语音、数据和视频图像的传输等;另外,在较大规模的计算机局域网中,广泛采用光缆作为外界数据传输的干线。

4. 交换机(Switch)

交换机(图2-48)提供了一种提高数据传输速率的方法,这种方法比 FDDI、ATM 的成本要低很多。传统的集线器实质上把一条广播总线浓缩成一个小小的盒子,组成的网络物理上是星型拓扑结构,而逻辑上仍然是总线型的,是共享的。集线器虽然有多个端口,但同一时间只允许一个端口发送或接收数据;而交换机则是采用电话交换机的原理,它可以让多对端口同时发送或接收数据,每一个端口独占整个带宽,从而大幅度提高了网络的传输速率。

图 2-48　交换机

5. 路由器(Router)

路由器(图2-49)作用于第 3 层(网络层),它的职能性更强。它不仅具有传输能力,而且有路径选择能力。当一条链路不通时,路由器会选择一条好的链路完成通信。另外,路由器有选择最短路径的能力。

路由器的功能如图 2-50 所示。

图 2-49　路由器

图 2-50　路由器在网络中的物理位置

6. 网关(Gateway)

网关就是将两个或多个在高层使用不同协议的网络段连接在一起的软硬件,它的主要作用是实现不同网络传输协议的翻译和转换工作,因此又叫作网间协议转换器。网关的硬件用来提供不同网络的接口,软件则实现不同网络协议之间的转换。网关能够连接多个高层协议完全不同的局域网,因此,网关是连接局域网和广域网的首选设备。

7. 网卡(NIC)

网卡(网络接口卡)又称网络适配器,其作用于 OSI 模型的第 2 层,它完成物理层和数据链路层的功能。从功能上来说,网卡相当于广域网的通信控制处理机,通过它将工作站或服务器连接到网络上,实现网络资源共享和相互通信。

网卡的理论功能主要有以下三个:

(1) 数据的封装与解封。发送时将上一层传下来的数据加上首部和尾部,成为以太网的帧;接收时将以太网的帧剥去首部和尾部,然后送交上一层。

(2)链路管理。主要是 CSMA/CD 协议的实现。

(3)编码与译码。即曼彻斯特编码与译码。

注:无线网卡主要用于无线网络(WLAN),它使用无线的电磁波进行连接,具有布线容易、移动性强、组网灵活和成本低廉等特点。

四、实训总结

硬件设备是计算机网络的基础,组成一个计算机网络,需要有作为工作站或服务器的计算机以及其他各种连接设备。本实训从几个方面介绍了在组建计算机网络时常用的硬件设备,包括网络媒介,组网用的集线器,网络互联使用的路由器、交换机、网关、网桥等。

五、实训作业

(1)网卡的指示灯各代表什么含义?

(2)不同类型的网卡的网络传输速率有什么不同?

(3)交换机的指示灯各代表什么含义?

(4)如何利用路由器上网?

(5)双绞线的分类有哪些?

实训二 双绞线的制作

一、实训目标

(1)通过利用 RJ-45 水晶头制作网络连接线,进一步理解 EIA/TIA-568-B(简称 T568B)规范标准。

(2)熟练掌握网络连接线的制作方法。

二、实训要求

(1)实训环境:RJ-45 头 2 个、双绞线 1.2m、RJ-45 压线钳若干把、测试仪一套。

(2)实训重点:按推荐 T568B 规范标准制作;摸索并掌握双绞线理序、整理的要领,尽可能总结出技巧;用测试仪测试导通情况并记录,完成实验报告,总结成败经验和教训。

三、实训基础知识

1. EIA/TIA-568-B 标准

EIA/TIA-568-B 简称 T568B,其双绞线的排列顺序为:白橙、橙、白绿、蓝、白蓝、绿、白棕、棕,将它们依次插入 RJ-45 头的 1~8 号线槽中,参见图 2-51。

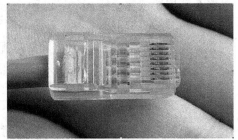

图 2-51 将双绞线按序插入 RJ-45 头中

如果双绞线的两端均采用同一标准(如 T568B),则称这根双绞线为直连线。直连线式是一种用得最多的连接方式,能用于异种网络设备间的连接,如计算机与集线器的连接、集线器与路由器的连接。通常平接双绞线的两端均采用 T568B 连接标准。

如果双绞线的两端采用不同的连接标准(如一端用 T568A,另一端用 T568B),则称这根双绞线为跨接线或交叉线。跨接线式能用于同种类型设备的连接,如计算机与计算机的直连、集线器与集线器的级连。如果有些集线器(或交换机)本身带有级连端口,当用某一集线器的普通端口与另一集线器的级连端口相连时,因级连端口内部已经做了跳接处理,这时只能用直连线式双绞线来完成其连接。

同一局域网内部,连接到各工作站的双绞线应使用同一规范标准制作(T568A 或 T568B,推荐使用 T568B 标准),否则可能导致局域网工作不正常。

2. 双绞线理序、整理技巧

双绞线的四对八根导线是有序排列的,对于100M及以上的网络传输速率,每一根线都有定义(即各有分工),现将如何实现八种颜色的线快速排序并对应到 RJ-45 水晶头的导线槽内的技巧总结如下。

第一步:将四对双绞线初排序,如果以深颜色的四根线为参照对象,在手中从左到右可排成橙、蓝、绿、棕。

第二步:拧开每一股双绞线,浅色线排在左边,深色线排在右边,深色、浅色线交叉排列。

第三步:跳线。将白蓝和白绿两根线对调位置,对照 T568B 标准,发现线序已是白橙、橙、白绿、白蓝、绿、白棕、棕。

第四步:理直排齐。将八根线并拢,再上下、左右抖动,使八根线整齐排列,前后(正对操作者)都构成一个平面,最外两根线位置平行。

第五步:剪齐。用夹线钳将导线多余部分剪掉,切口应与外侧线相垂直,与双绞线外套间留有 1.2～1.5cm 的长度,注意不要留太长(这样外套可能压不到水晶头内,致使线压不紧,容易松动,导致网线接触故障),也不能过短(这样八根线头不易全送到槽位,导致铜片与线不能可靠连接,使得 RJ-45 头制作达不到要求或制作失败)。

第六步:送线。将八根线头送入槽内,送入后,从水晶头头部看,应能看到八根铜线头整齐到位。

第七步:压线。检查线序及送线的质量后,就可以进行最后一道压线工序。压线时,应注意先缓用力,最后再用力压,切不可用力过猛,否则容易导致铜片变形,不能刺破导线绝缘层而无法与线芯可靠连接。

第八步:测试。压好线后,就可以用测线仪检测导通状况了。

四、实训步骤

第一步:认识 RJ-45 连接器、网卡(RJ-45 接口)和非屏蔽双绞线。

RJ-45 连接器,俗称水晶头,用于连接 UTP。它共有 8 个引脚,一般只使用第 1、2、3、6 号引脚,各引脚的用途与网卡不相同。各引脚的意义如下:引脚 1 接收($Rx+$);引脚 2 接收($Rx-$);引脚 3 发送($Tx+$);引脚 6 发送($Tx-$)。

网卡上的 RJ-45 接口也有 8 个引脚,一般也只使用第 1、2、3、6 号引脚,其余的没有使用,各引脚的定义如下:引脚 1 发送(Tx +);引脚 2 发送(Tx -);引脚 3 接收(Rx +);引脚 6 接收(Rx -)。如图 2-52 所示为直连线和交叉线的线序。

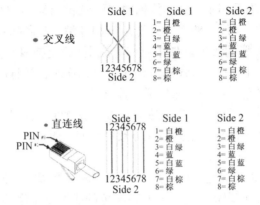

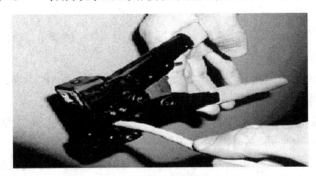

图 2-52　直连线和交叉线的线序

第二步:利用 RJ-45 专用剥线/压线钳接驳水晶头,如图 2-53 所示。

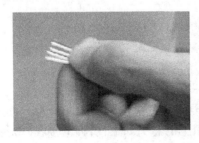

图 2-53　用专用剥线/压线钳接驳水晶头

第三步:当网线两头接好后,用网线测试仪或多用表,测试线路是否通畅。

第四步:用剥线钳将双绞线外皮剥去,剥线的长度为 13～15mm,不宜太长或太短。

第五步:用剥线钳将线芯剪齐,保留线芯长度约为 1.5cm。

第六步:水晶头的平面朝上,将线芯插入水晶头的线槽中,所有 8 根细线均应顶到水晶头的顶部(从顶部能够看到 8 种颜色),同时应当将外包皮也置入 RJ-45 接头之内,最后,用压线钳将接头压紧,并确定无松动现象,如图 2-54 所示。

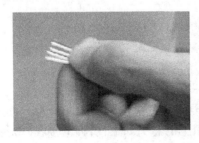
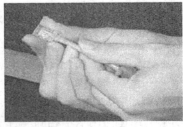

图 2-54　将线芯压入水晶头中

第七步:将另一个水晶头以同样方式制作到双绞线的另一端。

第八步:用网线测试仪测试水晶头上的每一路线是否连通,发射器和接收器两端的灯同时亮时为正常,如图 2-55 所示。

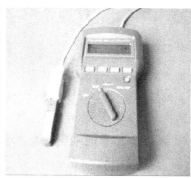

图 2-55　用测试仪测试水晶头是否连通

五、实训总结

双绞线分为屏蔽双绞线和非屏蔽双绞线,屏蔽双绞线通过屏蔽层减少相互间的电磁干扰;非屏蔽双绞线通过线的对扭消除相互之间的电磁干扰。

按电器性能划分,双绞线通常分为 3 类、4 类、5 类、超 5 类、6 类和 7 类。其中 3 类和 4 类已经基本不使用。类数越大,版本越新,技术越先进,带宽越宽,价格也越贵。

布线标准规定的双绞线的线序有 T568A 和 T568B 两种。

双绞线制作过程主要包括剪断、剥皮、排线序、剪齐、放入水晶头、检查线序、压制、测试几个环节。

六、实训作业

(1)将 4 对双绞线初排序时,也可以选择浅色的 4 根线作参照对象,拧开每一股双绞线时,8 根线均要求浅色线排在左,深色线排在右,请问需将哪根线进行跳线,才能满足 T568B 规范标准要求的线序?

(2)要使制作的双绞线可以连接上网,最低要求哪几号线必须确保畅通?网速有何局限?

(3)试用本实验中介绍的双绞线理序、整理技巧,总结按 T568A 标准制作网线时的操作技巧。T568A 与 T568B 标准的区别在何处?(解决了这一问题,我们再来做交叉线就不难了。)

(4)双绞线最小传输直径是多少米?最大传输直径又是多少米?

实训三　基本网络配置与网络组件的安装

一、实训目标

（1）掌握基本网络配置的方法。
（2）掌握网络协议的安装及配置方法。
（3）掌握网络组件的安装方法。
（4）掌握 TCP/IP 协议的常规设置方法。

二、实训要求

（1）实训环境：网卡若干张、计算机若干台、交换机若干台、网线若干等。
（2）实训重点：采用 B 类网络，以私有网段、固定 IP 的方式组建局域网，IP 地址分配为 172.16.1.学号，网关 IP 地址为 172.16.0.1，子网掩码为 255.255.255.0，首选 DNS 为 202.103.0.117，备用 DNS 为 202.103.0.68。

三、实训步骤

1. 网络协议的安装与配置

依据网络的类型安装与配置网络协议。

第一步：右击"网上邻居"图标，从弹出的快捷菜单中选择"属性"命令，打开"网络和拨号连接"窗口，如图 2-56 所示。

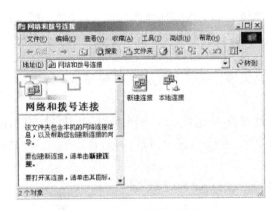

图 2-56　"网络和拨号连接"窗口

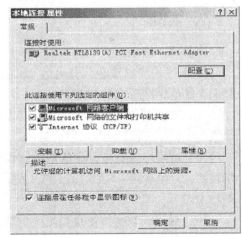

图 2-57　"本地连接属性"对话框

第二步：鼠标右击"本地连接"图标，从弹出的快捷菜单中选择"属性"命令，打开"本地连接属性"对话框，如图 2-57 所示。

第三步：在"此连接使用下列选定的组件"列表框中列出了目前系统中已安装过的网

络组件,单击"安装"按钮,打开"选择网络组件类型"对话框,如图 2-58 所示。

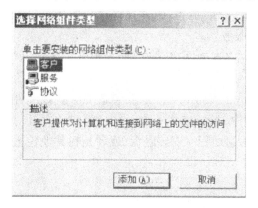

图 2-58 "选择网络组件类型"对话框

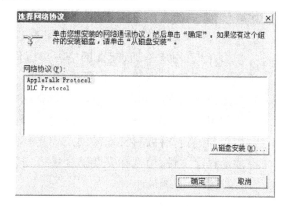

图 2-59 "选择网络协议"对话框

第四步:在"单击要安装的网络组件类型"列表中选中"协议"选项,单击"添加"按钮,打开"选择网络协议"对话框,如图 2-59 所示。

第五步:在"选择网络协议"对话框的"网络协议"列表框中列出了 Windows 2000 Server 提供的网络协议在当前系统中尚未安装的部分,双击欲安装的协议,或选中协议后单击"确定"。被选中的协议将会添加至"本地连接属性"列表中。

若用户需要安装列表中未提供的特殊网络通信协议,可通过单击"选择网络协议"对话框中的"从磁盘安装"按钮,从磁盘安装其他的网络协议组件。

第六步:安装 Windows 2000 Server 时已经默认安装了"Microsoft 网络的文件和打印机服务"。系统还提供了其他类型的网络服务,用户可根据需要自行安装,以便向网络中其他的用户提供优先级不同的网络服务。

第七步:添加网络服务与添加网络协议的方法基本相同,用户在"选择网络组件类型"对话框中选择"服务"选项,单击"添加"按钮,将打开"选择网络服务"对话框,对话框的"网络服务"列表中列出了 Windows 2000 Server 已经提供但当前系统中尚未安装的网络服务。用户可双击欲安装的服务,或选中服务选项之后单击"确定"按钮来安装服务,如图 2-60 所示。

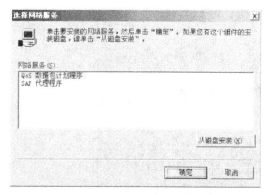

图 2-60 "选择网络服务"对话框

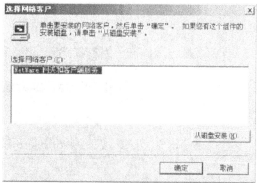

图 2-61 "选择网络客户"对话框

第八步:"Microsoft Networks 客户端"组件允许用户的计算机访问 Microsoft 网络上的资源(典型安装下默认安装);"NetWare 网关和客户端服务"组件允许用户的计算机不用运行 NetWare 客户端软件就可以访问 NetWare 服务器。

第九步:用户添加、配置网络客户组件,可在"选择网络客户"列表中选中客户,然后单击"确定"按钮,如图 2-61 所示。

选择想要安装的客户组件,系统会在 Windows 2000 Server 的安装盘中寻找该组件的驱动程序。若安装盘中没有包含更新的驱动程序,系统查找一段时间后将自动打开对话框由用户确定文件路径,如果用户确实有更新的驱动程序安装磁盘,或者是在其他位置含有驱动程序文件,可选择安装路径进行安装。

2. 添加网络组件

用户需要服务器系统启动某项管理或服务功能(例如,DHCP 服务、Windows Internet 命名服务或网络监视功能),而操作系统未安装这些网络组件时,用户便要为系统添加网络组件。

第一步:打开控制面板,运行"添加/删除程序"应用程序,如图 2-62 所示。

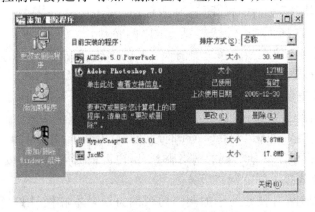

图 2-62 "添加/删除程序"窗口

第二步:选择"添加删除 Windows 组件"按钮,出现"Windows 组件向导"对话框。在对话框的"组件"列表框中列出了用户可以选择安装的网络组件,如图 2-63 所示。

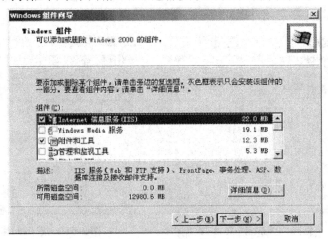

图 2-63 "Window 组件向导"对话框

第三步:用户可以单击组件选项旁边的复选框确认安装该类组件。如果用户选定某类组件后复选框显示为灰色,则表示系统只会安装该组件的一部分。用户可以单击"详细信息"按钮或者双击该组件选项,打开该类组件的详细内容对话框,具体选择安装某个子组件,如图2-64所示。

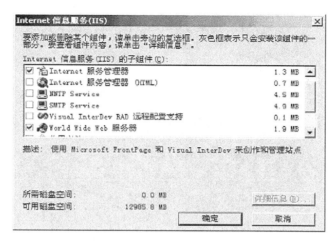

图2-64 "Internet信息服务(IIS)"对话框

第四步:选择组件后,单击"下一步"按钮,系统将自动在Windows 2000 Server的安装盘中查找安装组件所需的文件,如果用户未将安装光盘放入光盘驱动器中,系统将自动打开一个对话框,提示用户插入Windows 2000 Server安装光盘。插入光盘后单击"确定"按钮,系统将自动对选择安装的网络组件进行安装配置。

3. 配置TCP/IP

Windows 2000 Server典型安装完成后,TCP/IP协议的参数会自动从DHCP获取。如需要使用静态IP则需要对网卡进行配置。具体如下:

(1) 网卡IP地址和子网掩码。
(2) 本地IP路由器的IP地址。
(3) 本计算机是否作为DHCP服务器。
(4) 本计算机是否是WINS代理执行者。
(5) 本计算机是否使用域名系统(DNS)。
(6) 如果网络中有一个可用的WINS服务器,还必须知道它的IP地址。和DNS一样,可以配置多个WINS服务器。

4. TCP/IP常规设置

第一步:在桌面上用鼠标右击"网上邻居"图标,从打开的快捷菜单中选择"属性"命令,打开"网上邻居"窗口。

第二步:右击"本地连接"图标,从打开的快捷菜单中选择"属性"命令,打开"本地连接属性"对话框。

第三步:在"此连接使用下列选定的组件"列表框中选定"Internet协议(TCP/IP)"组件。

第四步：单击"属性"按钮，打开"Internet 协议(TCP/IP)属性"对话框，如图 2-65 所示。

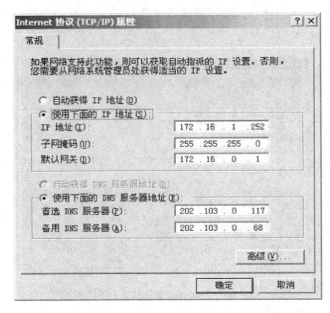

图 2-65 "Internet 协议(TCP/IP)属性"对话框

第五步：用户根据本地计算机所在网络的具体情况，决定是否用网络中的动态主机配置协议(DHCP)提供 IP 地址和子网掩码。

如果是，就选定"自动获得 IP 地址"单选按钮，用户所在网络中的 DHCP 服务器将会自动租用一个 IP 地址给计算机。如果不想通过 DHCP 服务器分配获取 IP 地址，则需要手工输入 IP 地址，选择"使用下面的 IP 地址"单选按钮。

第六步：如果用户选择手工输入 IP 地址，就需在"IP 地址"文本框里输入 IP 地址。网络上两个相同的 IP 地址会使两台计算机产生 IP 地址冲突，导致出现网络问题。如图 2-65 所示，本机输入的 IP 地址为 172.16.1.252。

第七步：在"子网掩码"文本框里输入子网掩码。这里本机输入的子网掩码为 255.255.255.0(标准 C 类地址)，子网掩码的输入也一定要保证正确，否则本机有可能无法与其他用户通信。

第八步：在"默认网关"文本框里输入本地路由器或网桥的 IP 地址。当用户计算机访问非本网段的计算机时，将转向网关以其作为出口。

第九步：如果用户可以从所在网络的服务器那里获得一个 DNS 服务器地址，则选择"自动获得 DNS 服务器地址"单选按钮。

第十步：如果用户的计算机不能从本地网络中获得一个 DNS 服务器地址或者用户为网络系统管理员，可以手工输入 DNS 服务器的地址。这时用户需要选定"使用下面的 DNS 服务器地址"单选按钮。

第十一步：在"首选 DNS 服务器"文本框中输入正确的地址，这里本机输入的地址为 202.103.0.117。

第十二步:在"备用 DNS 服务器"文本框中输入正确的备用 DNS 服务器地址。这是为了保证在主 DNS 服务器无法正常工作时,备用 DNS 服务器能代替主服务器为客户机提供域名服务。

第十三步:如果用户希望为选定的网络适配器指定附加的 IP 地址和子网掩码或添加附加的网关地址的话,单击"高级"按钮,打开"高级 TCP/IP 设置"对话框,如图 2-66 所示。

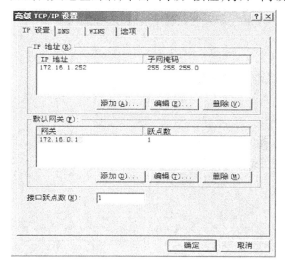

图 2-66 "高级 TCP/IP 设置"对话框

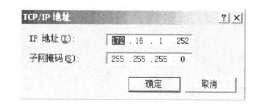

图 2-67 "TCP/IP 地址"对话框

第十四步:添加新的 IP 地址和子网掩码,单击"IP 地址"选项区域中的"添加"按钮,打开"TCP/IP 地址"对话框,如图 2-67 所示。

第十五步:在"IP 地址"和"子网掩码"文本框中输入新的地址,然后单击"确定"按钮,附加的 IP 地址和子网掩码将被添加到"IP 地址"列表框中。用户最多可以指定 5 个附加 IP 地址和子网掩码,这对于包含多个逻辑 IP 网络进行物理连接的系统是非常有用的。

第十六步:如果用户希望对已经指定的 IP 地址和子网掩码进行编辑的话,单击"IP 地址"选项区域中的"编辑"按钮,打开"TCP/IP 地址"对话框。

第十七步:对话框中的"IP 地址"和"子网掩码"文本框中将显示用户曾经配置的 IP 地址和子网掩码,而且还处于可编辑状态,用户可以对原有的 IP 地址和子网掩码进行任意编辑。然后单击"确定"按钮以使修改生效。

第十八步:在对话框的"默认网关"选项区域中,用户可以对已有的网关地址进行编辑和删除,或者添加新的网关地址。对于多个网关,还要指定每个网关的优先级,通过调整 IP 地址在列表中的上、下位置就可相应地使它具有较高或较低的优先权。Windows 2000 Server 首先使用第一个(顶上)网关地址,如果不行接下来向下依次查找网关地址,直到它找到一个服务于信宿地址的网关为止。

第十九步:在对话框的"IP 设置"选项卡的"接口跃点数"文本框中,用户可以输入或修改相应数值。该数值是用来设置网关的接口指标以实现网络连接的。如果在"默认网关"列表框中有多个网关选项,则系统会自动启用接口跃点数值最小的一个网关,默认情况下接口跃点数值为 1。

第二十步：在对话框的"默认网关"列表框中，选定一个网关选项，单击"编辑"按钮，打开"TCP/IP 网关地址"对话框。在该对话框中，用户可以同时对网关和接口跃点数的数值进行修改，然后单击"确定"按钮以使修改生效，如图 2-68 所示。

图 2-68 "TCP/IP 网关地址"对话框

四、实训总结

本实训重点介绍了网络组件的安装方法以及 TCP/IP 协议的常规设置方法。

五、实训作业

（1）如何添加 Web 服务器和 FTP 服务器？
（2）如何添加多个 DNS 地址和多个网关地址？

项目三 IP 子网规划与设计

 知识点、技能点

- IP 寻址的规划。
- CIDR 超网的划分。
- 静态 IP 地址的概念。

 学习要求

- 掌握 IP 寻址的规划方法。
- 掌握 CIDR 超网的划分方法。

 教学基础要求

- 会设置静态 IP 地址。

项目分析

任务一 网络寻址

与邮政通信一样,网络通信也需要有对传输内容进行封装和注明接收者地址的操作。邮政通信的地址结构是有层次的,要分出城市名称、街道名称、门牌号码和收信人。网络通信中的地址也是有层次的,分为网络地址、物理地址和端口地址。网络地址说明目标主机在哪个网络上;物理地址说明目标网络中哪一台主机是数据包的目标主机;端口地址则指明目标主机中的哪个应用程序接收数据包。我们可以将计算机网络地址结构与邮政通信的地址结构做比较:将网络地址想象为城市和街道的名称;将物理地址看作门牌号码;而端口地址则与同一个门牌下的哪个人很相似。

标识目标主机在哪个网络的是 IP 地址。IP 地址用四个点分十进制数表示,如 172.155.32.120。IP 地址是个复合地址,完整地看是一台主机的地址;只看前半部分,表示网络地址。地址 172.155.32.120 表示一台主机的地址,172.155.0.0 则表示这台主机所在网络的网络地址。

IP 地址封装在数据包的 IP 报头中。IP 地址有两个用途：网络的路由器设备使用 IP 地址确定目标网络地址，进而确定该向哪个端口转发报文；源主机用目标主机的 IP 地址来查询目标主机的物理地址。

物理地址封装在数据包的帧报头中，典型的物理地址是以太网中的 MAC 地址。MAC 地址在两个地方使用：主机中的网卡通过报头中的目标 MAC 地址判断网络送来的数据包是不是发给自己的；网络中的交换机通过报头中的目标 MAC 地址确定数据包该向哪个端口转发。其他物理地址的实例是帧中继网中的 DLCI 地址和 ISDN 中的 SPID。

端口地址封装在数据包的 TCP 报头或 UDP 报头中。源主机通过端口地址告诉目标主机本数据包是发给对方的哪个应用程序的。如果 TCP 报头中的目标端口地址指明是 80，则表明数据发给 WWW 服务程序；如果是 25130，则发给对方主机的 CS 游戏程序。

计算机网络是靠网络地址、物理地址和端口地址的联合寻址来完成数据传送的，缺少其中的任何一个地址，网络都无法完成寻址（点对点连接的通信是一个例外，点对点通信时，两台主机用一条物理线路直接连接，源主机发送的数据只会沿这条物理线路到达另外那台主机，则不再需要物理地址了）。

一、IP 地址寻址

1. IP 地址

IP 地址是一个 4 字节 32 位长的地址码。一个典型的 IP 地址为 200.1.25.7（以点分十进制表示）。IP 地址可以用点分十进制数表示，也可以用二进制数来表示。例如：

200.1.25.7

11001000.00000001.00011001.00000111

IP 地址被封装在数据包的 IP 报头中，供路由器在网间寻址的时候使用。因此，网络中的每个主机，既有自己的 MAC 地址，也有自己的 IP 地址。MAC 地址用于网段内寻址，IP 地址则用于网段间寻址，如图 3-1 所示。

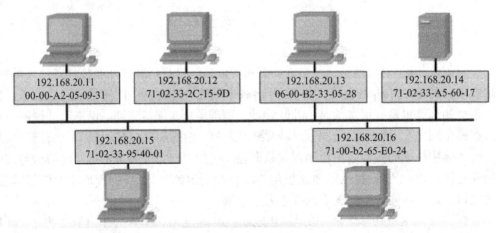

图 3-1 每台主机需要有一对地址

IP 地址分为 A、B、C、D、E 共 5 类地址,其中前三类是我们经常涉及的 IP 地址。分辨一个 IP 地址是哪类地址可以从其第一个字节来区别,如图 3-2 所示。

IP 地址类型	IP 地址范围 (第一个字节取值范围)
A 类	1~126(00000001~01111110)
B 类	128~191(10000000~10111111)
C 类	192~223(11000000~11011111)
D 类	224~239(11100000~11101111)
E 类	240~255(11110000~11111111)

图 3-2 IP 地址的分类

A 类地址的第一个字节在 1～126 之间,B 类地址的第一个字节在 128～191 之间,C 类地址的第一个字节在 192～223 之间。例如,200.1.25.7 是一个 C 类 IP 地址;155.22.100.25 是一个 B 类 IP 地址。

A、B、C 类地址是常用来为主机分配的 IP 地址。D 类地址用于组播组的地址标识。E 类地址是 Internet Engineering Task Force (IETF)组织保留的 IP 地址,用于该组织自己的研究。

一个 IP 地址分为两部分:网络地址码部分和主机码部分。A 类 IP 地址用第一个字节表示网络地址编码,低三个字节表示主机编码;B 类地址用第一、二两个字节表示网络地址编码,后两个字节表示主机编码;C 类地址用前三个字节表示网络地址编码,最后一个字节表示主机编码,如图 3-3 所示。

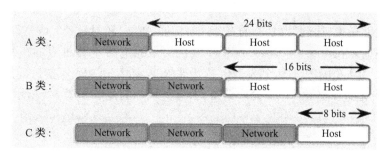

图 3-3 IP 地址的网络地址码(Network)部分和主机码(Host)部分

把一个主机的 IP 地址的主机码置为全 0 得到的地址码,就是这台主机所在网络的网络地址。例如,200.1.25.7 是一个 C 类 IP 地址,将其主机码部分(最后一个字节)置为全 0,200.1.25.0 就是 200.1.25.7 主机所在网络的网络地址。155.22.100.25 是一个 B 类 IP 地址,将其主机码部分(最后两个字节)置为全 0,155.22.0.0 就是 200.1.25.7 主机所在网络的网络地址。图 3-1 中的 6 台主机都在 192.168.20.0 网络上。

我们知道 MAC 地址是固化在网卡中的,由网卡的制造厂家随机生成。IP 地址是怎么得到的呢?IP 地址是由 InterNIC(Network Information Center)分配的,它在美国互联网数字分配机构(Internet Assigned Number Authority,简称 IANA)的授权下操作。我们通常是从 ISP

(互联网服务提供商)处购买 IP 地址,ISP 可以分配它所购买的一部分 IP 地址给用户。

A 类地址通常分配给非常大型的网络,因为 A 类地址的主机位有三个字节的主机编码位,提供多达 1600 万个 IP 地址给主机($2^{24}-2$)。也就是说,61.0.0.0 这个网络,可以容纳多达 1600 万个主机。全球一共只有 126 个 A 类网络地址,目前已经没有 A 类地址可以分配了。当使用 IE 浏览器查询一个国外网站的时候,留心观察左下方的地址栏,可以看到一些网站被分配了 A 类 IP 地址。

B 类地址通常分配给大机构和大型企业,每个 B 类网络地址可提供 65000 多个 IP 主机地址($2^{16}-2$)。全球一共有 16384 个 B 类网络地址。

C 类地址用于小型网络,大约有 200 万个 C 类地址。C 类地址只有一个字节用来表示这个网络中的主机,因此每个 C 类网络地址只能提供 254 个 IP 主机地址($2^{8}-2$)。

有读者可能注意到了,A 类地址第一个字节最大为 126,而 B 类地址的第一个字节最小为 128。第一个字节为 127 的 IP 地址,即不属于 A 类也不属于 B 类。第一个字节为 127 的 IP 地址实际上被保留用作回返测试,即主机把数据发送给自己。例如,127.0.0.1 是一个常用的用作回返测试的 IP 地址。

有两类地址不能分配给主机,即网络地址和广播地址,如图 3-4 所示。

图 3-4 网络地址和广播地址不能分配给主机

广播地址是主机码置为全 1 的 IP 地址,例如,198.150.11.255 是 198.150.11.0 网络中的广播地址。在图 3-4 中,198.150.11.0 网络中的主机 IP 地址只能在 198.150.11.1 ~ 198.150.11.254 范围内分配,198.150.11.0 和 198.150.11.255 不能分配给主机。

有些 IP 地址不必从 IANA 处申请得到,这类地址的范围如图 3-5 所示。

类别	RFC 1918 内部地址范围
A	10.0.0.0 ~ 10.255.255.255
B	172.16.0.0 ~ 172.31.255.255
C	192.168.0.0 ~ 192.168.255.255

图 3-5 内部 IP 地址

RFC 1918 文件分别在 A、B、C 类地址中指定了三块作为内部 IP 地址。这些内部 IP 地址可以随便在局域网中使用,但是不能用在互联网中。

IP 地址是在 20 世纪 80 年代开始由 TCP/IP 协议使用的,可是 TCP/IP 协议的设计者没有预见到这个协议会如此广泛地在全球使用。约 20 年后的今天,4 个字节编码的 IP 地址就要被使用完了。

A 类和 B 类地址占了整个 IP 地址空间的 75%,却只能分配给约 17000 个机构使用。

只占整个 IP 地址空间 12.5% 的 C 类地址可以留给新的网络使用。

新的 IP 地址版本已经开发出来,被称为 IPv6(旧的 IP 地址版本被称为 IPv4)。IPv6 中的 IP 地址使用 16 个字节的地址编码,将可以提供 3.4×10^{38} 个 IP 地址,拥有足够的地址空间迎接未来的商业需要。

由于现有的数以千万计的网络设备不支持 IPv6,所以如何平滑地从 IPv4 迁移到 IPv6 仍然是个难题。不过,在 IP 地址空间即将耗尽的压力下,人们最终会改用 IPv6 的 IP 地址描述主机地址和网络地址。

2. ARP 协议

我们知道,主机在发送一个数据之前,需要为这个数据封装报头。在报头中,最重要的信息就是地址。在数据帧的三个报头中,需要封装进目标 MAC 地址、目标 IP 地址和目标 port 地址。

要发送数据,应用程序要么给出目标主机的 IP 地址,要么给出目标主机的主机名或域名,否则就无法指明数据该发送给谁了。

但是,如何给出目标主机的 MAC 地址呢?目标主机的 MAC 地址是一个随机数,且固化在对方主机的网卡上。事实上,应用程序在发送数据的时候,只知道目标主机的 IP 地址,无法知道目标主机的 MAC 地址。ARP 协议的程序可以完成用目标主机的 IP 地址查到它的 MAC 地址的功能。

如图 3-6 所示,当主机 176.10.16.1 需要向主机 176.10.16.6 发送数据时,它的 ARP 程序就会发出 ARP 请求广播报文,询问网络中哪台主机是 176.10.16.6 主机,并请它应答自己的查寻。网络中的所有主机都会收到这个查询请求广播,但是只有 176.10.16.6 主机会响应这个查询请求,向源主机发送 ARP 应答报文,把自己的 MAC 地址 FE:ED:31:A2:22:F3 传送给源主机。于是,源主机便得到了目标主机的 MAC 地址。这时,源主机掌握了目标主机的 IP 地址和 MAC 地址,就可以封装数据包的 IP 报头和帧报头了。

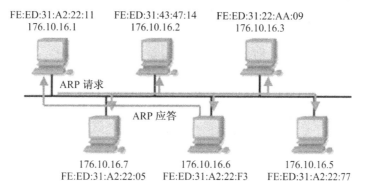

图 3-6 ARP 请求和 ARP 应答

为了下次再向主机 176.10.16.6 发送数据时不再向网络查询,ARP 程序会将这次查询的结果保存起来。ARP 程序保存的网络中其他主机 MAC 地址的表称为 ARP 表。当给 ARP 程序一个 IP 地址,要求它查询出这个 IP 地址对应的主机的 MAC 地址时,ARP 程序总是先查自己的 ARP 表,如果 ARP 表中有这个 IP 地址对应的 MAC 地址,则能够轻松、快速地给出所要的 MAC 地址。如果 ARP 表中没有,则需要通过 ARP 广播和 ARP 应答的机制来获取该 IP 地址的 MAC 地址。ARP 程序工作的过程可直观地用图 3-7 来表示。

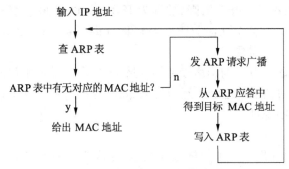

图 3-7 ARP 程序工作的过程

在局域网中 ARP 程序是一个非常重要的程序。没有 ARP 程序,我们就无法得到目标主机的 MAC 地址,也就无法封装帧报头。

说明这种通过 IP 地址获得 MAC 地址方法的协议被称为 ARP 协议。从本节后,我们将逐步学习很多协议。协议是为某个程序或某个硬件的设计做出的约定。一个协议一般要说明三个方面:程序或硬件要完成什么功能;实现这个功能的方法;实现这个功能所需要的通信数据格式。比如 ARP 协议,规定了 ARP 程序完成通过 IP 地址获得 MAC 地址的功能;规定了通过广播报查询目标主机,并由目标主机应答源主机的方法;还规定了 ARP 请求报文和 ARP 应答报文的格式。

那 ARP 程序在哪里,是由谁编写的呢?在主机中的 ARP 程序是操作系统的一部分,Windows、UNIX、Linux 这样的操作系统中都有 ARP 程序。当然,Windows 中的 ARP 程序是微软公司的工程师们编写的。在安装 Windows 的主机中,可以在"命令提示符"窗口用 Ipconfig/all 命令查看到本机的 MAC 地址。

3. IP 地址表现网络地址

IP 地址是一个层次化的地址,既能表示主机的地址,也能表现出这个主机所在网络的网络地址。

在图 3-8 中有三个 C 类地址的网络 192.168.10.0、192.168.11.0 和 192.168.12.0,它们由路由器互连在一起,可以通过路由器交换数据。

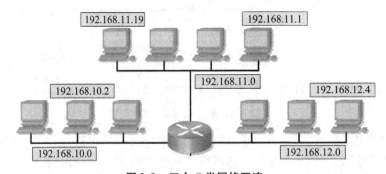

图 3-8 三个 C 类网络互连

从前面所学的内容可以知道,C 类地址的前 3 个字节是网络地址编码,将主机地址码部分置 0 即是网络地址。192.168.10.0、192.168.11.0 和 192.168.12.0 这三个网络地址的最后一个字节都是0,它们不表示任何主机,表示的是一个网络地址编码。

当主机192.168.10.2需要与主机192.168.11.19通信时,通过比较目标主机IP地址的网络地址编码部分,便知道对方与自己不在一个网段上。与主机192.168.11.19通信需要通过路由器转发才能实现。

每个网络都必须有自己的网络地址。事实上,我们都是先获得网络IP地址,然后才用这个网络IP地址为这个网络上的各个主机分配主机IP地址的。

二、子网划分

1. 为什么要划分子网

如果某单位申请获得一个B类网络地址172.50.0.0,则该单位所有主机的IP地址就将在这个网络地址里分配,如172.50.0.1、172.50.0.2、172.50.0.3……那么这个B类地址能为多少台主机分配IP地址呢?我们看到,一个B类IP地址有两个字节用作主机地址编码,因此可以编出$2^{16}-2$个,即六万多个IP地址码(计算IP地址数量的时候减2,是因为网络地址本身172.50.0.0和这个网络内的广播IP地址172.50.255.255不能分配给主机)。

能想象六万多台主机在同一个网络内的情景吗?它们在同一个网段内的共享介质冲突和它们发出的类似ARP的这样那样的广播会让网络根本就无法工作。因此,需要把172.50.0.0网络进一步划分成更小的子网,以在子网之间隔离介质访问冲突和广播报。

将一个大的网络进一步划分成一个个小的子网的另外一个原因是网络管理和网络安全的需要。如我们总是把财务部、档案部的网络与其他网络分割开来,进入财务部、档案部的外部数据通信应受到限制。

假设172.50.0.0这个网络地址分配给了铁道部,铁道部网络中的主机IP地址的前两个字节都将是172.50。铁道部计算中心会将网络划分成郑州机务段、济南机务段、长沙机务段等子网。这样的网络层次体系是任何一个大型网络所必需的。

那么,郑州机务段、济南机务段、长沙机务段等各个子网的地址是什么呢?怎样能让主机和路由器分清目标主机在哪个子网中呢?这就需要给每个子网分配子网的网络IP地址。通行的解决方法是从IP地址的主机编码中分出一些位来作为子网编码。

比如,本例中用172.50.0.0地址中第3个字节表示各个子网,而不再分配为主机地址。这样,我们可以用172.50.1.0表示郑州机务段子网的网络地址;用172.50.2.0表示济南机务段子网的网络地址;用172.50.3.0表示长沙机务段子网的网络地址。于是,172.50.0.0网络中有172.50.1.0、172.50.2.0、172.50.3.0等子网,具体如图3-9所示。

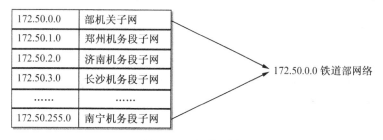

图3-9 子网的划分

事实上，为了解决介质访问冲突和广播风暴的技术问题，一个网段超过200台主机的情况是很少的。一个好的网络规划中，每个网段的主机数都不超过80个。

因此，划分子网是网络设计与规划中一项非常重要的工作。

2. 子网掩码

为了给子网编址，就需要挪用主机编码的编码位。在前面的例子中，我们挪用了一个字节8位。我们来看下面的例子。

一小型企业分得了一个C类地址202.33.150.0，准备根据市场部、生产部、车间、财务部分成4个子网。现在需要从主机地址码字节中借用2位（$2^2 = 4$）来为这4个子网编址。子网编址的结果是：

  市场部子网地址： 202.33.150.00000000，即202.33.150.0
  生产部子网地址： 202.33.150.01000000，即202.33.150.64
  车间子网地址： 202.33.150.10000000，即202.33.150.128
  财务部子网地址： 202.33.150.11000000，即202.33.150.192

其中，我们用下划线来表示从主机地址码字节中挪用的位。

根据上面的设计，我们把202.33.150.0、202.33.150.64、202.33.150.128和202.33.150.192定为4个部门的子网地址，而不是主机IP地址。可是，别人怎么知道它们不是普通的主机地址呢？

我们需要设计一种辅助编码，用这个编码来告诉别人子网地址是什么。这个编码就是掩码。一个子网的掩码是这样编排的：用4个字节的点分二进制数来表示时，其网络地址部分全置为1，主机地址部分全置为0，则本例的子网掩码为

    11111111.11111111.11111111.11000000

通过子网掩码，我们就可以知道网络地址位是26位，而主机地址的位数是6位。

子网掩码在发布时并不是用点分二进制数来表示的，而是将点分二进制数表示的子网掩码翻译成与IP地址一样的用4个点分十进制数来表示的地址。本例的子网掩码在发布时记作

      255.255.255.192

即将11000000转换为十进制数192。二进制数转换为十进制数的简便方法是：把二进制数分为高4位和低4位两部分，将高4位数转换为十进制数，乘以16，然后加上低4位数转换为十进制数的值。

例如，将11000000拆成高4位和低4位两部分，得1100和0000。高4位1100转换为十进制数为12，低4位转换为十进制数为0。则11000000转换为十进制数为$12 \times 16 + 0 = 192$。

子网掩码通常和IP地址一起使用，用来说明IP地址所在的子网的网络地址。图3-10显示了Windows 2000主机的IP地址配置情况。图中的主机配置的IP地址和子网掩码分别是211.68.38.155、255.255.255.128。子网掩码255.255.255.128说明了211.68.38.155这台主机所属的子网的网络地址。

项目三 IP子网规划与设计

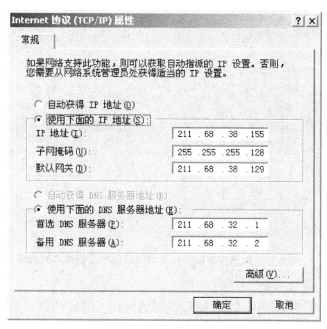

图 3-10　子网掩码的使用

我们很难通过子网掩码 255.255.255.128 看出 211.68.38.155 在哪个子网上，需要通过逻辑与计算来获得 211.68.38.155 所属子网的网络地址，即

211.68.38.155　　　　　　　　　　11010011.01000100.00100110.10011011
255.255.255.128　　　　　与运算　11111111.11111111.11111111.10000000
　　　　　　　　　　　　　　　　　11010011.01000100.00100110.10000000
　　　　　　　　　　　　　　　=211.68.38.128

由此可得 211.68.38.155 这台主机在 211.68.38.0 网络的 211.68.38.128 子网上。如果我们不知道子网掩码，只看 IP 地址 211.68.38.155，就只能知道它在 211.68.38.0 网络上，而不知道在哪个子网上。

十进制数转换为二进制数的简便方法是：用十进制除以 16，商是二进制数的高 4 位，余数是低 4 位。例如，将 211 转换为二进制数，先用 211 除 16，商是 13，余数是 3。二进制数的高 4 位是 1101（13），低 4 位是 0011（3），则 211 转换为二进制数的结果就是 11010011。

在计算子网掩码的时候，经常要进行二进制数与十进制数之间的转换。可以借助 Windows 的计算器来轻松完成。首先要用"查看"菜单把计算器设置为"科学型"（Windows 的计算器默认设置是"标准型"）。在十进制数转二进制数的时候，先单击选择"十进制"数值系统前面的小圆点，输入十进制数，然后单击"二进制"数值系统前面的小圆点就可得到转换的二进制数结果了，反之亦然，参见图 3-11。

子网掩码在下面要讨论的路由器设备上非常重要。路由器要从数据包的 IP 报头中取出目标 IP 地址，用子网掩码和目标 IP 地址进行与操作，进而得到目标 IP 地址所在网络的网络地址。路由器是根据目标网络地址来工作的。

图 3-11 使用计算器进行二进制数与十进制数之间的转换

3. 子网中的地址分配

我们回顾一下前面的例子,以展开下面的讨论。前面的例子中各个部门子网的编址是:

市场部子网地址:　　202.33.150.0
生产部子网地址:　　202.33.150.64
车间子网地址:　　　202.33.150.128
财务部子网地址:　　202.33.150.192

下面,我们为市场部的主机分配 IP 地址。

市场部的网络地址是 202.33.150.0,第一台主机的 IP 地址就可以分配为 202.33.150.1,第二台主机分配为 202.33.150.2,依此类推。最后一个 IP 地址是 202.33.150.62,而不是 202.33.150.63。因 202.33.150.63 是 202.33.150.0 子网的广播地址。

广播地址的定义是:IP 地址主机位全置为 1 的地址是这个 IP 地址在所在网络的广播地址。202.33.150.0 子网内的广播地址就该是其主机位全置为 1 的地址。计算 202.33.150.0 子网内广播地址的方法是:把 202.33.150.0 相关的字节转换为二进制数,即 202.33.150.00000000;再将后 6 位主机编码位全置为 1,即 202.33.150.00111111;最后再转换回十进制数,即 202.33.150.63。因此得知 202.33.150.63 是 202.33.150.0 子网内的广播地址。

用同样的方法可以计算出各个子网中主机的地址分配方案,具体如表 3-1 所示。

表 3-1　各子网中主机的地址分配分类

部门	子网地址	地址分配	广播地址
市场部子网	202.33.150.0	202.33.150.1 ~ 202.33.150.62	202.33.150.63
生产部子网	202.33.150.64	202.33.150.65 ~ 202.33.150.126	202.33.150.127
车间子网	202.33.150.128	202.33.150.129 ~ 202.33.150.190	202.33.150.191
财务部子网	202.33.150.192	202.33.150.193 ~ 202.33.150.254	202.33.150.255

每个子网的 IP 地址分配数量是 $2^6 - 2 = 62$ 个。

所有子网的掩码是 255.255.255.192。各个主机在配置自己的 IP 地址的时候,要连同子网掩码 255.255.255.192 一起配置。

4. IP 地址设计

企业或者机关从 ISP 那里申请的 IP 地址是网络地址,如 179.130.0.0,企业或机关的网络管理员需要在这个网络地址上为本单位的主机分配 IP 地址。在分配 IP 地址之前,首先需要根据本单位的行政关系、网络拓扑结构划分子网,为各个子网分配子网地址,然后才能在子网地址的基础上为各个子网中的主机分配 IP 地址。

从 ISP 那里申请得到的网络地址也称为主网地址,这是一个没有挪用主机位的网络地址。单位自己划分出的子网地址需要挪用主网地址中的主机位来为各个子网编址。主网地址不用掩码也可以计算出来,只需要看出它是哪一类 IP 地址即可。

下面我们用一个例子来学习完整的 IP 地址的设计过程。

设某单位申请得到一个 C 类网络地址 200.210.95.0,需要划分出 6 个子网。我们需要为这 6 个子网分配子网地址,然后计算出本单位子网的子网掩码、各个子网中 IP 地址的分配范围、可用 IP 地址数量和广播地址。

步骤 1:计算机需要挪用的主机位的位数。

要挪用多少主机位需要试算。借 1 位主机位可以分配出 $2^1=2$ 个子网地址;借 2 位主机位可以分配出 $2^2=4$ 个子网地址;借 3 位主机位可以分配出 $2^3=8$ 个子网地址。因此我们决定挪用 3 位主机位作为子网地址的编码。

步骤 2:用二进制数为各个子网编码。

子网 1 的地址编码:200.210.95.00000000

子网 2 的地址编码:200.210.95.00100000

子网 3 的地址编码:200.210.95.01000000

子网 4 的地址编码:200.210.95.01100000

子网 5 的地址编码:200.210.95.10000000

子网 6 的地址编码:200.210.95.10100000

步骤 3:将二进制数的子网地址编码转换为十进制数表示,成为能发布的子网地址。

子网 1 的子网地址:200.210.95.0

子网 2 的子网地址:200.210.95.32

子网 3 的子网地址:200.210.95.64

子网 4 的子网地址:200.210.95.96

子网 5 的子网地址:200.210.95.128

子网 6 的子网地址:200.210.95.160

步骤 4:计算出子网掩码。

先计算出二进制的子网掩码:11111111.11111111.11111111.11100000

注:带下划线的位是挪用的主机位。

再转换为十进制表示,成为对外发布的子网掩码:255.255.255.224。

步骤 5:计算出各个子网的广播 IP 地址。

先计算出二进制的子网广播地址,然后再转换为十进制。

子网 1 的广播 IP 地址:200.210.95.00011111 / 200.210.95.31
子网 2 的广播 IP 地址:200.210.95.00111111 / 200.210.95.63
子网 3 的广播 IP 地址:200.210.95.01011111 / 200.210.95.95
子网 4 的广播 IP 地址:200.210.95.01111111 / 200.210.95.127
子网 5 的广播 IP 地址:200.210.95.10011111 / 200.210.95.159
子网 6 的广播 IP 地址:200.210.95.10111111 / 200.210.95.191

实际上,简单地用下一个子网地址减1,就可得到本子网的广播地址。我们列出二进制的计算过程是为了让读者更好地理解广播地址是如何被编码的。

步骤6:列出各个子网的 IP 地址范围。

子网 1 的 IP 地址分配范围:200.210.95.1 ~ 200.210.95.30
子网 2 的 IP 地址分配范围:200.210.95.33 ~ 200.210.95.62
子网 3 的 IP 地址分配范围:200.210.95.65 ~ 200.210.95.94
子网 4 的 IP 地址分配范围:200.210.95.97 ~ 200.210.95.126
子网 5 的 IP 地址分配范围:200.210.95.129 ~ 200.210.95.158
子网 6 的 IP 地址分配范围:200.210.95.161 ~ 200.210.95.190

步骤7:计算出每个子网中的 IP 地址数量。

被挪用后,主机位的位数为5,能够为 $2^5 - 2 = 30$ 台主机编址。

减2的目的是去掉子网地址和子网广播地址。

划分子网会损失主机 IP 地址的数量,这是因为我们需要拿出一部分地址来表示子网地址、子网广播地址。另外,连接各个子网的路由器的每个接口也需要额外的 IP 地址开销。但是,为了网络的性能和管理的需要,我们不得不损失这些 IP 地址。

前一段时间,子网地址编码中是不允许使用全0和全1的。如上例中的第一个子网不能使用200.210.95.0这个地址,因为担心分不清这是主网地址还是子网地址。但是近年来,为了节省 IP 地址,允许全0和全1的子网地址编码。注意,主机地址编码仍然无法使用全0和全1的编址,全0和全1的编址被用于本子网的子网地址和广播地址了。

读者在实际工作中可以建立与下面类似的表格,以便快速进行 IP 地址设计。B 类地址的子网划分如表3-2所示,C 类地址的子网划分如表3-3所示。

表3-2 B 类地址的子网划分

划分的子网数量	网络地址位数/ 挪用主机位数	子网掩码	每个子网中可 分配的 IP 地址数
2	17/1	255.255.128.0	32766
4	18/2	255.255.192.0	16382
8	19/3	255.255.224.0	8190
16	20/4	255.255.240.0	4094
32	21/5	255.255.248.0	2046
64	22/6	255.255.252.0	1022
128	23/7	255.255.254.0	510
256	24/8	255.255.255.0	254

续表

划分的子网数量	网络地址位数/挪用主机位数	子网掩码	每个子网中可分配的 IP 地址数
512	25/9	255.255.255.128	126
1024	26/10	255.255.255.192	62
2048	27/11	255.255.255.224	30

表 3-3 C 类地址的子网划分

划分的子网数量	网络地址位数/挪用主机位数	子网掩码	每个子网中可分配的 IP 地址数
2	25/1	255.255.255.128	126
4	26/2	255.255.255.192	62
8	27/3	255.255.255.224	30
16	28/4	255.255.255.240	14

在有需要网段划分的企业、机关单位的网络规划中，会遇到对网络 IP 地址的设计。设计的核心是从 IP 地址的主机编码位处借位来为子网进行编码。学会并理解本节介绍的方法，就可很容易地对任何类型的网络进行子网划分并创建子网。

三、动态 IP 地址分配

网络中的每一台计算机都需要配置 IP 地址。动态分配 IP 地址是指不用事先为计算机配置好 IP 地址，在其启动的时候由网络中的一台 IP 地址分配服务器为它分配 IP 地址。当这台计算机关闭后，地址分配服务器将收回为其分配的 IP 地址。

有三个动态分配 IP 地址的协议：RARP、BOOTP 和 DHCP，它们的工作原理基本相同。下面以 DHCP 为例说明动态 IP 地址分配的过程。

一台主机开机后如果发现自己没有配置 IP 地址，就将启动自己的 DHCP 程序，以动态获得 IP 地址。DHCP 程序首先向网络中发"DHCP 发现请求"广播包，寻找网络中的 DHCP 服务器。DHCP 服务器收听到这个请求后，将向请求主机发应答包(单播)。请求主机这时就可以向 DHCP 服务器发送"IP 地址分配请求"。最后，DHCP 服务器就可以在自己的 IP 地址池中取出一个 IP 地址，分配给请求主机。具体如图 3-12 所示。

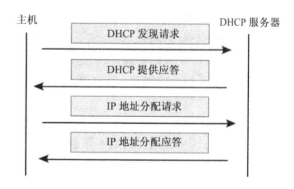

图 3-12 动态 IP 地址分配的过程

四、域名系统 DNS

由于 IP 地址为点分十进制数，用它来表示一台计算机的地址不易记忆。由于没有任何可以联想的东西,即使记住后也很容易遗忘。Internet 上开发了一套域名系统 DNS(Domain Name System),可以提供主机 IP 地址和域名之间的解析(域名用一串字符、数字和点号组成)。例如,北京信息工程学院 WWW 服务器的域名是 www.biti.edu.cn(BITI 是北京信息工程学院的英文缩写),通过 DNS 可解析出这台服务器的 IP 地址是 200.68.32.35。有了域名(有时候是非常响亮的域名,如 www.8848.com 这样用喜马拉雅山高度命名的域名),计算机的地址就很容易被记住。

网络寻址是依靠 IP 地址、物理地址和端口地址完成的。所以,为了把数据传送到目标主机,域名需要被翻译成为 IP 地址供发送主机封装在数据包的报头中。负责将域名翻译成为 IP 地址的是域名服务器。为此我们需要在类似图 3-12 的计算机界面上设置为自己服务的 DNS 服务器的 IP 地址。

需要注意的是,域名是某台主机的名字。我们知道 www.biti.edu.cn 是北京信息工程学院的域名,也应理解它只是北京信息工程学院中某台主机的名字。

1. 域名的结构

在国际上,规定域名是一个有层次的主机地址名,层次由"."来划分。越在后面的部分,所在的层次越高。www.biti.edu.cn 这个域名中的 cn 代表中国,edu 表示教育机构,biti 表示北京信息工程学院,www 表示北京信息工程学院主机中的 WWW 服务器。

域名的层次化不仅能使域名表现出更多的信息,而且为 DNS 域名解析带来了方便。域名解析是依靠庞大的数据库完成的,数据库中存放了大量域名与 IP 地址对应的记录。DNS 域名解析本来就是为了方便使用而增加的负担,需要高速完成。层次化可以为数据库在大规模的数据检索中加快检索速度。我国自己的中文域名系统为了追求名称简单、短小,采用非层次结构。如"北信",就直接是北京信息工程学院的中文域名。

在域名的层次结构中,每一个层次被称为一个域。如 cn 是国家或地区域,edu 是机构域。

常见的国家或地区域有:

cn:中国;us:美国;uk:英国;jp:日本;hk:中国香港;tw:中国台湾。

常见的机构域有:

com:商业实体域。这个域下的一般都是企业、公司类型的机构。这个域的域名数量最多,而且还在不断增加,使得这个域中的域名缺乏层次,造成 DNS 服务器的大负荷以及对这个域管理上的困难。有关机构考虑把 com 域进一步划分出子域,使以后新的商业域名注册在这些子域中。

edu:教育机构域。这个域提供给大学、学院、中小学校、教育服务机构、教育协会等机构。最近,这个域只提供给 4 年制以上的大学、学院注册,不再提供给 2 年制的学院、中小学校注册了。

net:网络服务域。这个域提供给网络提供商的机器、网络管理计算机和网络上的节点计算机。

org:非营利机构域。

mil:军事用户域。

gov:政府机构域。gov 域只提供给美国联邦政府的机构和办事处。

不带国家或地区域的域名被称为顶级域名,顶级域名需要在美国注册。图 3-13 为域名层次示意图。

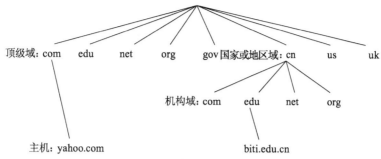

图 3-13　域名层次示意图

2. DNS 服务原理

主机中的应用程序在通信时,把数据交给 TCP 程序。同时还需要把目标端口地址、源端口地址和目标主机的 IP 地址交给 TCP。目标端口地址和源端口地址供 TCP 程序封装 TCP 报头时使用,目标主机的 IP 地址由 TCP 程序转交给 IP,供 IP 程序封装 IP 报头时使用。

如果应用程序拿到的是目标主机的域名而不是它的 IP 地址,就需要调用 TCP/IP 协议中应用层的 DNS 程序将目标主机的域名解析为它的 IP 地址。

一台主机为了支持域名解析,就需要在配置中指明为自己服务的 DNS 服务器。如图 3-14 所示,主机 A 为了解析一个域名,把待解析的域名发送给自己机器配置指明的 DNS 服务器,一般都配置为指向一个本地的 DNS 服务器。本地 DNS 服务器收到待解析的域名后,便查询自己的 DNS 解析数据库,将该域名对应的 IP 地址查到后,发还给 A 主机。

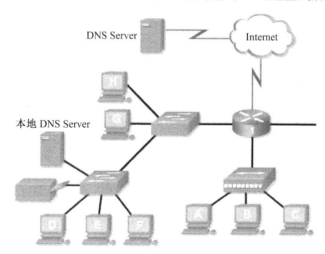

图 3-14　DNS 的工作原理

如果本地 DNS 服务器的数据库中无法找到待解析域名的 IP 地址,则将此解析交给上级 DNS 服务器,直到查到需要寻找的 IP 地址。

本地 DNS 服务器中的域名数据库可以从上级 DNS 提供处下载,并得到上级 DNS 服务器的一种称为"区域传输(Zone Transfer)"的维护。本地 DNS 服务器可以添加上本地化的域名解析。

任务二　网段(子网)分割

我们已经讨论了如何购买一台集线器或交换机来搭建一个简单的网络,把这些简单的网络连接起来,就构成了具有一定规模的局域网。反过来,一个局域网也可被分解为多个简单的网段(也就是子网),这些子网可以被连接成一个完整的网络。

将一个局域网分解为多个简单网段的目的有以下几种:

(1) 延伸网络距离。
(2) 分解网络负荷。
(3) 隔离广播。
(4) 实现网络安全策略。

完成上述连接的网络设备有中继器、交换机和路由器,早期的网络中还使用一种称为网桥的设备。但是网桥的所有功能目前的交换机都能够完成,且交换机的功能更全面、更灵活,所以网桥这个网络设备已经逐渐退出了网络技术。图3-15为简单网段互联成局域网。

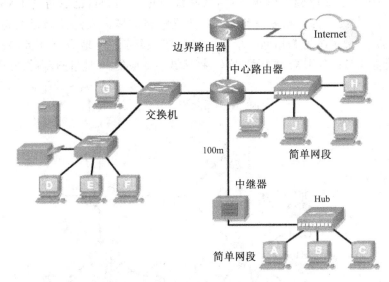

图3-15　简单网段互联成局域网

一、中继器

由于所有传输介质都有衰减特性(电缆、光纤、无线介质),数据信号会因衰减而无法在接收端恢复,因而限制了网络节点之间的传输距离。中继器接收从一个网段传来的信号,重新生成信号,再发送到另外一个网段,保证其在另外一个网段中传输时信号的完整性。这样的接力式传输,延长了网络传输的距离。

从OSI模型来看,中继器是物理层设备,因为它并不分析接收到的数据包的地址,也不对数据包进行校验,它只是简单地再生信号,并把信号转发到另外一个网段。

依据规范,UTP 电缆和 STP 电缆信号传输距离不超过 100m。如果需要连接更远距离的网段时,就需要通过中继器来连接。光纤能够传输的距离很远,单模光纤甚至一次可以传输十余千米而保证光信号的完好。若传输距离更远,需要光中继器进行信号的再生。WLAN 中利用无线介质进行数据传输,由于空中无线电管理规定对发射功率的限定,无线网卡和无线 Hub 的传输距离都不超过 200m。因此 WLAN 也使用中继器来连接超过规定距离的网段。图 3-16 为使用微波中继器的示例。

图 3-16　使用微波中继器

前面介绍过,Hub 收到一个数据帧后就向所有的其他端口转发。这与中继器收到一帧数据包后向另外一个端口转发的功能和工作原理完全相同,只是 Hub 转发的端口更多一些。所以很多教科书把集线器称为多口中继器(Multiport Repeater)。由于 UTP 电缆的 Hub 价格直线下降(一个 4 口的 Hub 只需要一百元左右),在网络需要延长 UTP 电缆距离的场合,人们不再使用中继器,而使用集线器。UTP 电缆中继器在市场上已经消失。中继器和集线器都是工作在物理层的设备。

二、冲突域的分割

用集线器连接的网络,当一个主机发送数据时,集线器会把数据包向所有端口转发,这时其他主机的通信就需要等待,浪费了网络的带宽。有关网络的教科书把主机共享、争用的网络区域称为冲突域,即主机同时使用传输介质和交换设备会发生冲突的区域。

早期的网络使用一种称为网桥的设备来把大的冲突域分割成为较小的冲突域。图 3-17 中的网桥监听两侧网段中的数据包,如果发现有需要跨越网段的数据包,就转发到另外网段上。换句话说,一个网段内部的通信,由于网桥的隔离作用,不会与另外一个网段的通信发生冲突。因此,网桥是一个分割冲突域以改善网络性能的设备。

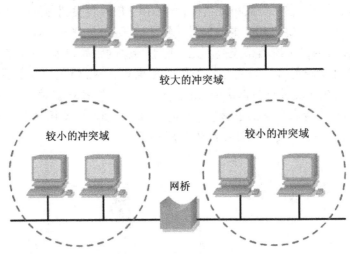

图 3-17 用网桥隔离冲突域

随着交换机的出现和其价格的不断下降,网桥逐渐被交换机替代并退出市场。

交换机不像集线器那样把待转发的数据包向所有其他端口转发,而是只向目标主机所在的端口转发。这样,交换机在为一对主机通信的时候,其他主机之间仍然可以通信,完全没有了介质访问冲突,如图 3-18 所示。

交换机避免了一对主机的通信会影响其他主机的通信,完成了网桥所完成的隔离介质访问冲突功能。而且,交换机不是把网络分成两、三个网段,而是将一对主机动态分成一个网段。所以人们也称交换机是一个具有微分段功能的网桥。

前面介绍过,交换机通过分析数据包报头中的 MAC 地址,查交换表确定该数据包应向哪个端口转发。因为它要分析 OSI 模型中的链路层地址并完成链路层的工作(如校验数据包),所以我们称交换机是一种链路层的网络设备,它工作在链路层。

Hub 同时只能有一路通信

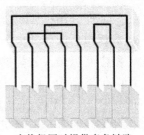

交换机同时提供多条链路

图 3-18 交换机分割冲突域

交换机成功地隔离了网络中主机通信的介质访问冲突,分割了冲突域,有效地提高了网络的性能。

三、广播域的分割

网络中存在着大量广播报文,广播报文需要被播送到网络的所有链路,以使有可能需要收听广播的主机都能收到广播。即使有些链路不需要接收某个广播,集线器、中继器、交换机也会把广播报文包转发过去,这浪费了网络带宽。同时,一个与某广播无关的主机,也需要花费 CPU 时间来阅读广播报文才能知道该报文与自己无关。

如果一组主机可以相互收听到其他主机的广播,我们称这组主机处于同一广播域中。一个有大量主机的广播域会严重地降低网络性能。对于一个大型网络,如果把所有主机连接在一起,其广播报文包甚至会淹没整个网络。因此,需要把一个大的局域网分割成更小的一些广播域以改善网络性能,如图3-19所示。

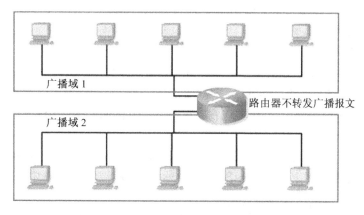

图 3-19　分割广播域

集线器、中继器、交换机不隔离广播,而路由器不转发广播报文,是互联各个广播域的网络设备。

随着局域网规模的扩大,局域网中容纳的主机数量越来越多。每增加一个工作站或服务器,维持带宽就越困难,网络的负担也越重。合理地分割冲突域和广播域,将大网络分为若干分离的子网(由网路由器完成)和网段(由网桥和交换机完成),可以有效地改善网络性能,最大限度地提高带宽的利用率,获得高性能的网络。

项 目 实 施

实训一　保留的 IP 地址及其意义

一、实训目标

(1) 了解保留的 IP 地址的定义。
(2) 掌握保留的 IP 地址的意义以及作用。

二、实训要求

(1) 实训环境:安装了操作系统的计算机、路由器、交换机、网线。
(2) 实训重点:了解保留的 IP 地址及其意义。

三、实训步骤

在互联网上的 IP 地址就像我们每个人都有的身份证号码一样,网络里的每台计算机(更确切地说,是每一个设备的网络接口)都有一个 IP 地址用于标示自己。而保留的 IP

地址段不会在互联网上使用,因此与广域网相连的路由器在处理保留 IP 地址时,只是将该数据包丢弃处理,而不会路由到广域网上去,从而将保留的 IP 地址产生的数据隔离在局域网内部。我们知道这些地址由 4 个字节组成,用点分十进制表示,下面我们一起来看看保留的 IP 地址及其意义。

1. 0.0.0.0

严格说来,0.0.0.0 已经不是一个真正意义上的 IP 地址了,它表示的是这样一个集合:所有不清楚的主机和目的网络。这里的"不清楚"是指在路由表里没有特定条目指明如何到达。如果在网络设置中设置了缺省网关,那么 Windows 系统会自动产生一个目的地址为 0.0.0.0 的缺省路由。

在 Windows 操作系统下,单击"开始"→"运行",输入"cmd",按回车键,输入"ping 0.0.0.0",可以看到如图 3-20 所示界面,表明本机的路由表里没有特定条目指明如何到达。

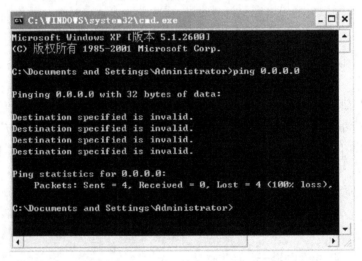

图 3-20 "ping 0.0.0.0"界面

2. 255.255.255.255

即限制广播地址,对本机来说,这个地址指本网段(同一广播域)内的所有主机。在如前所述的情况下输入"ping 255.255.255.255",可以看到如图 3-21 所示界面,表明这个地址不能被路由器转发。

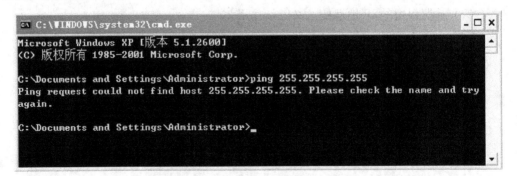

图 3-21 "ping 255.255.255.255"界面

3. 127.0.0.1

即本机地址,主要用于测试。在 Windows 系统中,这个地址有一个别名"Localhost"。除非出错,否则在传输介质上永远不应该出现目的地址为"127.0.0.1"的数据包。在如前所述的情况下输入"ping 127.0.0.1",可以看到如图 3-22 所示的界面,表明连接正常。

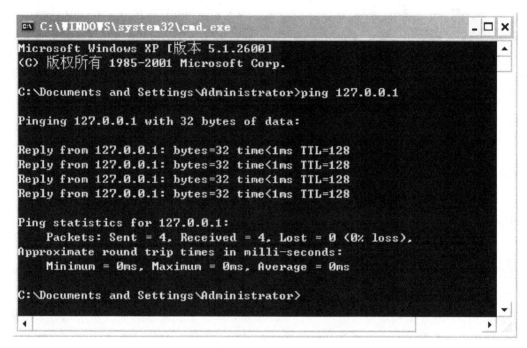

图 3-22 "ping 127.0.0.1"界面

4. 224.0.0.1

即组播地址,应注意它和广播的区别。从 224.0.0.0~239.255.255.255 都是类似的地址,224.0.0.1 特指所有主机,224.0.0.2 特指所有路由器。这样的地址多用于一些特定的程序以及多媒体程序。

5. 169.254.x.x

如果主机使用了 DHCP 功能自动获得一个 IP 地址,那么当 DHCP 服务器发生故障或响应时间太长而超出系统规定的时间时,Windows 系统会为该主机分配一个这样的地址。如果发现主机 IP 地址是此类地址,很可能是由于网络运行不正常。

在如前所述的情况下输入"ipconfig",可以看到如图 3-23 所示的界面,表明能够连接到 DHCP 服务器,如果网络服务器能够连接到 Internet,则该主机能够上网。假如"IP Address"为"169.254.x.x",那么该主机就不能上网了。

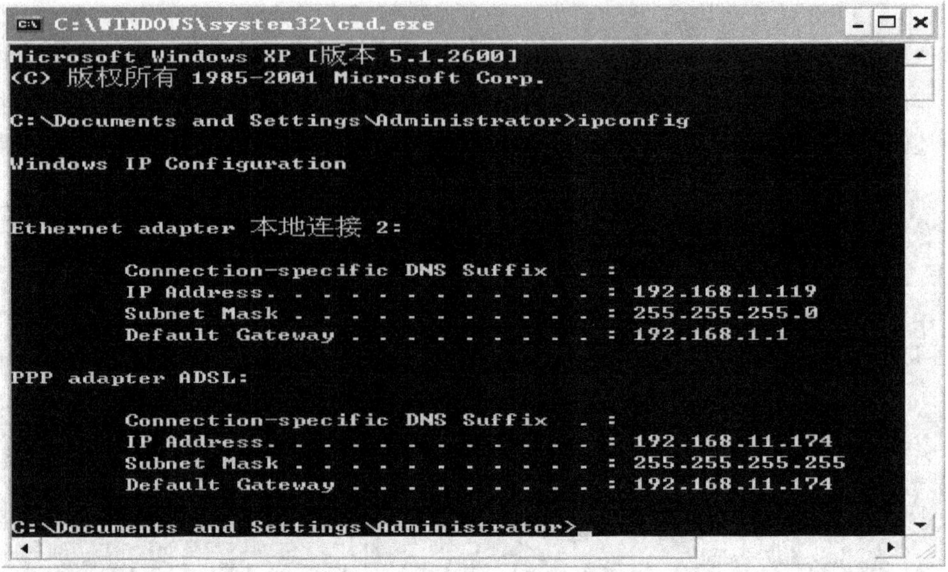

```
C:\WINDOWS\system32\cmd.exe

Microsoft Windows XP [版本 5.1.2600]
<C> 版权所有 1985-2001 Microsoft Corp.

C:\Documents and Settings\Administrator>ipconfig

Windows IP Configuration

Ethernet adapter 本地连接 2:

        Connection-specific DNS Suffix  . :
        IP Address. . . . . . . . . . . . : 192.168.1.119
        Subnet Mask . . . . . . . . . . . : 255.255.255.0
        Default Gateway . . . . . . . . . : 192.168.1.1

PPP adapter ADSL:

        Connection-specific DNS Suffix  . :
        IP Address. . . . . . . . . . . . : 192.168.11.174
        Subnet Mask . . . . . . . . . . . : 255.255.255.255
        Default Gateway . . . . . . . . . : 192.168.11.174

C:\Documents and Settings\Administrator>
```

图 3-23　ipconfig 界面

6. 10.x.x.x、172.16.x.x～172.31.x.x、192.168.x.x

即私有地址,这些地址被大量用于企业内部网络中。一些宽带路由器,也往往使用 192.168.1.1 作为缺省地址。由于私有网络不与外部互联,因而可能会随意使用 IP 地址。保留这样的地址供其使用是为了避免以后接入公网时引起地址混乱。使用私有地址的私有网络在接入 Internet 时,要进行地址翻译(NAT),将私有地址翻译成公用合法地址。在 Internet 上,私有地址是不允许出现的。图 3-23 中显示主机使用的就是一个私有地址。私有地址的表示和范围如下:

10.0.0.0/8 表示的地址范围是 10.0.0.0～10.255.255.255

172.16.0.0/12 表示的地址范围是 172.16.0.0～172.31.255.255

192.168.0.0/16 表示的地址范围是 192.168.0.0～192.168.255.255

对一台网络上的主机来说,它可以正常接收的合法目的网络地址有三种:本机的 IP 地址、广播地址以及组播地址。

四、实训总结

根据用途和安全性级别的不同,IP 地址还可以大致分为两类:公共地址和私有地址。公用地址在 Internet 中使用,可以在 Internet 中随意访问。私有地址只能在内部网络中使用,只有通过代理服务器才能与 Internet 通信。一个机构网络要连入 Internet,必须申请公用 IP 地址。考虑到网络安全等特殊情况,在 IP 地址中专门保留了三个区域作为私有地址。

使用保留地址的网络只能在内部进行通信,而不能与其他网络互联。因为本网络中的保留地址同样也可能被其他网络使用,如果进行网络互联,那么寻找路由时就会因为地址的不唯一而出现问题。但是这些使用保留地址的网络可以通过将本网络内的保留地址翻译转换成公共地址的方式实现与外部网络的互联。这也是保证网络安全的重要方法之一。

五、实训作业

写出保留的 IP 地址有哪些，它们的起止范围如何？

实训二　Windows 2008 的网络工具命令

一、实训目标

（1）掌握常见网络命令的使用方法。
（2）能够应用网络工具命令测试分析网络状态。

二、实训要求

（1）实训环境：计算机若干台、交换机、路由器、网线等；能够连接到外网。
（2）实训重点：熟记常见网络工具命令及其格式；学习各网络工具命令的使用方法。

三、实训步骤

在 Windows 2008 的"运行"对话框中输入命令"cmd"，既可打开命令窗口，使用工具命令。

工具命令一般格式如下：

命令名　目标主机　［参数］

例如：ping　www.hxsjx.com　－t

1. ping

ping 是最常用的测试工具，用来检测本地主机的 TCP/IP 配置以及与另一台主机的连通状态。

（1）ping 的格式。

ping ［－t］［－a］［－n count］［－l size］［－f］［－i TTL］［－r count］［－j host－list］［－k host－list］［－w timeout］目标主机

目的地址可以是 IP 地址或主机的名字、域名。

（2）测试结果。

使用 ping 命令测试与目标主机的连接状况，连接正常时，显示结果如下：

C：\WINDOWS＞ping 192.168.10.42

Pinging 192.168.10.42 with 32 bytes of data：

Reply from 192.168.10.42：bytes＝32 time＝26ms TTL＝244

Reply from 192.168.10.42：bytes＝32 time＝27ms TTL＝244

Reply from 192.168.10.42：bytes＝32 time＝27ms TTL＝244

  Reply from 192.168.10.42：bytes＝32 time＝26ms TTL＝244
  Ping statistics for 192.168.10.42：
  Packets：Sent ＝ 4，Received ＝ 4，Lost ＝ 0（0％ loss），
  Approximate round trip times in milli-seconds：
  Minimum ＝ 26ms，Maximum ＝ 27ms，Average ＝ 26ms

当目标主机使用域名或主机地址时，首先会返回目标主机的 IP 地址，如下所示。
  C：\WINDOWS＞ping www.pku.edu.cn
  Pinging www.pku.edu.cn［162.105.129.12］with 32 bytes of data：
  ……
  Reply from 162.105.129.12：bytes＝32 time＝27ms TTL＝244

其中 bytes、time、TTL 分别说明数据包的大小、从目标主机返回的时间、返回时的 TTL 值。

（3）ping 命令的使用。

使用 ping 命令可以测试网络各种连通和配置情况。以下是常用的检测内容：
  ping 127.0.0.1 或 localhost
  ping 本机 IP 地址或本机计算机名
  ping 网络中的其他计算机名或 IP 地址
  ping 网关 IP 地址
  ping 远程 IP 地址
  ping 域名

2．tracert

tracert 通过向目标主机发送不同 TTL 值的数据包，跟踪从本地计算机到目标主机之间的路由，显示所经过的网关的 IP 地址和主机名。命令格式如下：
  tracert［－d］［－h maximum_hops］［－j host－list］［－w timeout］目标主机

tracert 可以检测某个主机不能连通时，在路由哪个环节出现了问题。

3．netstat

netstat 命令的功能是显示网络连接、路由表和网络端口信息，可以让用户得知目前都有哪些网络连接正在运作。检查系统是否有非法连接以及利用系统漏洞的病毒或木马程序时，经常使用此命令。该命令的一般格式如下：
  netstat［选项］

可利用 －p proto 选项显示 TCP 协议的连接情况。

4．ipconfig 和 winipcfg

（1）ipconfig。

ipconfig 用于查看和修改网络中的 TCP/IP 协议的有关配置，如 IP 地址、子卡掩码、网关、网卡的 MAC 地址等。命令格式如下：
  ipconfig［参数 1］［参数 2］……

常用参数有：
  all：显示 TCP/IP 协议的细节，如主机名、节点类型、网卡的物理地址、默认网关等。

Batch［文本文件名］:将测试的结果存入指定的文本文件中。

（2）winipcfg。

winipcfg的功能和ipconfig基本相同,可使用Windows对话框显示TCP/IP配置情况。

5. nslookup

nslookup命令的功能是查询一台机器的IP地址和其对应的域名。此命令需要在本机设置正确的域名服务器来提供域名服务。命令的一般格式如下:

    nslookup［IP地址/域名］

6. finger

finger命令的功能是查询用户的信息,通常会显示系统中某个用户的用户名、主目录、停滞时间、登录时间、登录shell等信息。如果要查询远程机上的用户信息,需要在用户名后面接"@ 主机名",采用［用户名@ 主机名］的格式,不过要查询的网络主机需要运行finger守护进程。命令的一般格式如下:

    finger［-l］［user］［@ host］

7. arp

arp命令可以显示和修改地址解析协议（ARP）所使用的到以太网的IP或令牌环物理地址翻译表。该命令只有在安装了TCP/IP协议之后才可用。命令的一般格式如下:

    arp -a［inet_addr］［-N if_addr］
    arp -d inet_addr［if_addr］
    arp -s inet_addr ether_addr［if_addr］

四、实训总结

ping命令是网络中使用最频繁的小工具,主要用于确定网络的连通性问题。

ipconfig命令用于显示本地计算机的IP地址配置信息和网卡的基本信息。

tracert命令可以判断网络故障到底发生在哪个位置。

在网络出现故障时,首先应快速定位故障的发生地,认真地考虑一下可能的故障原因,以及应当从哪里开始着手,一步步进行追踪和排除,直至恢复网络畅通。善于利用一些诊断工具,如网络命令,无疑将加快故障定位速度,提高网络维护效率。

五、实训作业

（1）如何利用ping命令来检测网络运行情况?

（2）如何使用arp命令来查看网内某计算机网卡的MAC地址?

项目四 路由器基础及配置

知识点、技能点

➢ 路由器基础。
➢ 路由器基本配置命令。

学习要求

➢ 熟练掌握路由器的工作原理。
➢ 掌握路由器的基本操作配置方法。

教学基础要求

➢ 能够在路由器上熟练完成各种基本操作。

项目分析

路由技术是网络中最精彩的技术,路由器是非常重要的网络设备。路由技术被用来进行网络互联。网络互联有两个范畴:一是局域网内部的各个子网之间的互联;另外一个就是通过公共网络(如电话网、DDN 专线、帧中继网、互联网)把不在一个地域的局域网远程连接起来,形成一个广域网。本章讨论局域网内部的各个子网之间的互联,广域网互联我们将在后续章节中讨论。

一个局域网被分解为多个子网,然后用路由器连接起来,这是最普遍的网络建设方案。路由器在这里扮演隔离广播和实现网络安全策略的角色。

一、路由器

路由器在局域网中用来互联各个子网,同时隔离广播和介质访问冲突。正如前面所介绍的,路由器将一个大网络分成若干个子网,以保证子网内通信流量的局域性,屏蔽其他与子网无关的流量,进而更有效地利用带宽。对于那些需要前往其他子网和离开整个网络前往其他网络的流量,路由器提供必要的数据转发。

1. 路由器的工作原理

下面我们通过图 4-1 来解释路由器的工作原理。

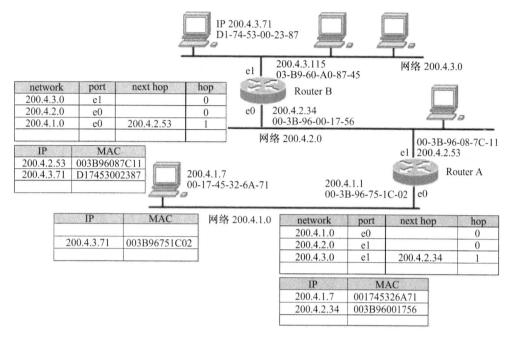

图 4-1　路由器的工作原理

图 4-1 中有三个子网,用两个路由器连接起来。三个 C 类地址子网分别是 200.4.1.0、200.4.2.0、200.4.3.0。从图中可以看见,路由器的各个端口也需要有 IP 地址和主机地址。路由器的端口连接在哪个子网上,其 IP 地址就应属于该子网。例如,路由器 A 两个端口的 IP 地址 200.4.1.1、200.4.2.53 分别属于子网 200.4.1.0 和子网 200.4.2.0;路由器 B 两个端口的 IP 地址 200.4.2.34、200.4.3.115 分别属于子网 200.4.2.0 和子网 200.4.3.0。

每个路由器中有一个路由表,主要由网络地址、转发端口、下一跳路由器的 IP 地址和跳数组成,它们的具体含义如下。

(1) 网络地址:本路由器能够前往的网络。

(2) 端口:前往某网络该从哪个端口转发。

(3) 下一跳:前往某网络下一跳的中继路由器的 IP 地址。

(4) 跳数:前往某网络需要穿越几个路由器。

下面我们来看一个需要穿越路由器的数据包是如何传输的。

如果主机 200.4.1.7 要将报文发送到本网段上的其他主机的话,源主机通过 ARP 程序可获得目标主机的 MAC 地址,由链路层程序为报文封装帧报头,然后发送出去。

当 200.4.1.7 主机要把报文发向 200.4.3.0 子网上的 200.4.3.71 主机时,源主机在自己机器的 ARP 表中查不到对方的 MAC 地址,则发 ARP 广播请求 200.4.3.71 主机应答,以获得它的 MAC 地址。但是,这个查询 200.4.3.71 主机 MAC 地址的广播被路由器 A 隔离了,因为路由器不转发广播报文。所以,200.4.1.7 主机是无法直接与其他子网上的主机通信的。

路由器 A 会分析这条 ARP 请求广播中的目标 IP 地址。经过掩码运算,得到目标网络的网络地址是 200.4.3.0。路由器查路由表,得知自己能提供到达目的网络的路由,便向源主机发 ARP 应答。

请注意 200.4.1.7 主机的 ARP 表中,200.4.3.71 是与路由器 A 的 MAC 地址 00-3B-96-75-1C-02 捆绑在一起,而不是真正的目标主机 200.4.3.71 的 MAC 地址。事实上,200.4.1.7 主机并不关心那是否是真实的目标主机的 MAC 地址,它只需要将报文发向路由器即可。

路由器 A 收到这个数据包后,将拆除帧报头,从里面的 IP 报头中取出目标 IP 地址。然后,路由器 A 将目标 IP 地址 200.4.3.71 同子网掩码 255.255.255.0 做"与"运算,得到目标网络地址是 200.4.3.0。接下来,路由器将查路由表(见图 4-1 路由器 A 的路由表),得知该数据包需要从自己的 e1 端口转发出去,且下一跳路由器的 IP 地址是 200.4.2.34。

路由器 A 需要重新封装下一个子网的新数据帧。通过 ARP 表,取得下一跳路由器 200.4.2.34 的 MAC 地址。封装好新的数据帧后,路由器 A 将数据通过 e1 端口发给路由器 B。

现在,路由器 B 收到了路由器 A 转发过来的数据帧。在路由器 B 中发生的操作与在路由器 A 中的完全一样。只是,路由器 B 通过路由表得知目标主机与自己是直接相连的,而不需要下一跳路由了。在这里,数据包的帧报头将最终封装上目标主机 200.4.3.71 的 MAC 地址发往目标主机。

图 4-2 为路由器的工作流程。

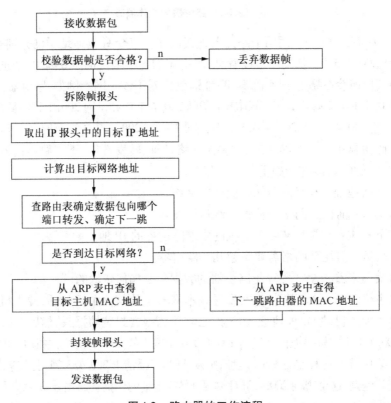

图 4-2 路由器的工作流程

通过上面的例子,我们了解了路由器是如何转发数据包,将报文转发到目标网络的。路由器使用路由表将报文转发给目标主机,或交给下一级路由器转发。总之,发往其他网络的报文将通过路由器,传送给目标主机。

2. 穿越路由器的数据帧

数据包穿越路由器前往目标网络的过程中报头的变化是非常有趣的:它的帧报头每穿越一次路由器,就会被更新一次。这是因为 MAC 地址只在网段内有效,它是在网段内完成寻址功能的。为了在新的网段内完成物理地址寻址,路由器就必须重新为数据包封装新的帧报头。

在图 4-3 中,200.4.1.7 主机发出的数据帧,目标 MAC 地址指向 200.4.1.1 路由器,数据帧发往路由器。路由器收到这个数据帧后,会拆除这个帧的帧报头,更换成下一个网段的帧报头。新的帧报头中,目标 MAC 地址是下一跳路由器的,源 MAC 地址则换上了 200.4.1.1 路由器 200.4.2.53 端口的 MAC 地址 00-3B-96-08-7C-11。当数据到达目标网络时,最后一个路由器发出的帧,目标 MAC 地址是最终的目标主机的物理地址,数据被转发到了目标主机。

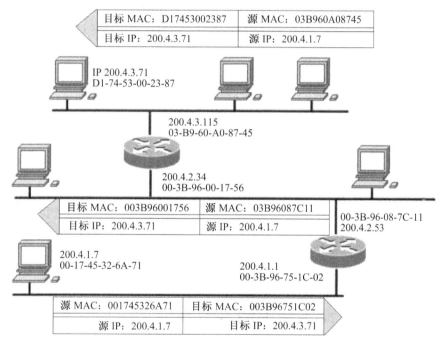

图 4-3 报头的变化

数据包在传送过程中,帧报头不断被更换,目标 MAC 地址和源 MAC 地址穿越路由器后都要改变。但是,IP 报头中的 IP 地址始终不变,目标 IP 地址永远指向目标主机,源 IP 地址永远是源主机(事实上,IP 报头中的 IP 地址不能变化,否则,路由器们将失去数据包转发的方向)。

可见,数据包在穿越路由器前往目标网络的过程中,帧报头不断改变,IP 报头保持不变。

3. 路由器工作在网络层

路由器在接收数据包、处理数据包和转发数据包的一系列工作中,完成了 OSI 模型中物理层、链路层和网络层的所有工作。

在物理层中,路由器提供物理上的线路接口,将线路上比特数据位流移入自己接口中的接收移位寄存器,供链路层程序读取到内存中。对于转发的数据,路由器的物理层完成相反的任务,将发送移位寄存器中的数据帧以比特数据位流的形式串行发送到线路上。

路由器在链路层中完成数据的校验,为转发的数据包封装帧报头,控制内存与接收移位寄存器和发送移位寄存器之间的数据传输。在链路层中,路由器会拒绝转发广播数据包和损坏了的数据帧。

路由器的网间互联能力集中在它在网络层完成的工作。在这一层中,路由器要分析 IP 报头中的目标 IP 地址,维护自己的路由表,选择前往目标网络的最佳路径。正是由于路由器的网间互联能力集中在它的网络层表现,所以人们习惯于称它是一个网络层设备,工作在网络层。

在图 4-4 中我们可以看见,数据包到达路由器后,数据包会经过物理层、链路层、网络层、链路层、物理层的一系列数据处理过程,体现了数据在路由器中的非线性。

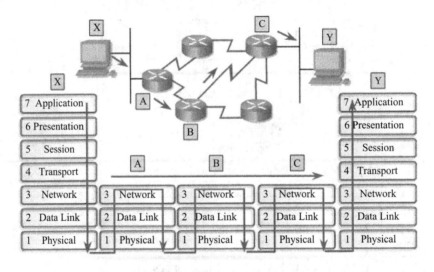

图 4-4　路由器涉及 OSI 模型最下面三层的操作

非线性这个术语在厂商对自己网络产品的介绍中经常见到。网络设备厂商经常声明自己的交换机、三层路由交换机能够实现线性传输,以宣传其设备在转发数据包中有最小的延迟。所谓线性状态,是指数据包在如图 4-4 所示的传输过程中,在网络设备上经历的凸起折线小到近似直线。Hub 只需要在物理层再生数据信号,因此它的凸起折线最小,线性化程度最高。交换机需要分析目标 MAC 地址,并完成链路层的校验等其他功能,它的凸起折线略大,但是与路由器比较起来,仍然称它是工作在线性状态的。路由器工作在网络层,因此它对数据传输产生了明显的延迟。

二、路由表的生成

我们看到,就像交换机的工作全依靠其内部的交换表一样,路由器的工作也完全仰仗其内存中的路由表。图 4-5 中列出了路由表的构造。

目标网络	端口	下一跳	距离	协议	定时
160.4.1.0	e0		0	C	
160.4.1.32	e1		0	C	
160.4.1.64	e1	160.4.1.34	1	RIP	00:00:12
200.12.105.0	e1	160.4.1.34	3	RIP	00:00:12
178.33.0.0	e1	160.4.1.34	12	RIP	00:00:12

图 4-5 路由表的构造

路由表主要由 6 个字段组成,说明能够前往的网络和如何前往那些网络。路由表的每一行,表示路由器了解的某个网络的信息。目标网络字段列出本路由器了解的网络的网络地址。端口字段表明前往某网络的数据包该从哪个端口转发。下一跳字段表明对本路由器无法直接到达的网络,下一跳的中继路由器的 IP 地址。距离字段表明到达某网络有多远,即 RIP 路由协议中需要穿越的路由器数量。协议字段表示本行路由记录是如何得到的。本例中,C 表示手工配置,RIP 表示本行信息是通过 RIP 协议从其他路由器学习得到的。定时字段表示动态学习的路由项在路由表中已经多久没有刷新了。如果一个路由项长时间没有被刷新,该路由项就被认为是失效的,需要从路由表中删除。

我们注意到,前往 160.4.1.64、200.12.105.0、178.33.0.0 网络,下一跳都指向 160.4.1.34 路由器。其中 178.33.0.0 网络最远,需要 12 跳。路由表不关心下一跳路由器将沿什么路径把数据包转发到目标网络,它只要把数据包转发给下一跳路由器就完成任务了。

路由表是路由器工作的基础,获得路由表中表项的方法有静态配置和动态学习两种。

路由表中的表项可以用手工静态配置生成。将计算机与路由器的 console 端口连接,使用计算机上的超级终端软件或路由器提供的配置软件就可以对路由器进行配置。

手工配置路由表需要大量的工作,动态学习路由表是最为行之有效的方法。一般情况下,我们都是手工配置路由表中直接连接的网络的表项,而间接连接的网络的表项使用路由器的动态学习功能来获得。

动态学习路由表的方法非常简单。每个路由器定时把自己的路由表广播给邻居,邻居之间互相交换路由表。路由器通过其他路由器的路由广播可以了解更多、更远的网络,这些网络都将被收到自己的路由表中,只要把路由表的下一跳地址指向邻居路由器就可以了。

静态配置路由表的优点是可以人为地干预网络路径的选择。静态配置路由表的端口没有路由广播,节省带宽和邻居路由器 CPU 维护路由表的时间。若想对邻居屏蔽自己的网络情况时,就得使用静态配置。静态配置的最大缺点是不能动态发现新的和失效的路由。如果一条路由失效不能及时发现,数据传输就失去了可靠性,同时,无法到达目标主机的数据包不停地发送到网络中,浪费了网络的带宽。对于一个大型网络来说,人工配置的工作量大也是静态配置的一个问题。

动态学习路由表的优点是可以动态了解网络的变化。新增、失效的路由都能动态地导致路由表做相应变化。这种自适应特性是人们使用动态路由的重要原因。对于大型的网络,无一不采用动态学习的方式维护路由表。动态学习的缺点是路由广播会耗费网络带宽。另外,路由器的 CPU 也需要停下数据转发工作来处理路由广播,维护路由表,降低了路由器的吞吐量。

路由器中大部分路由信息是通过动态学习得到的。但是,路由器即使使用动态学习的方法,也需要静态配置直接相连的网段。不然,所有路由器都对外发布空的路由表,互相是无法学习的。

流行的支持路由器动态学习生成路由表的协议是路由信息协议 RIP、内部网关路由协议 IGRP、开放的最短路径优先协议 OSPF。

三、静态配置路由表

路由器中的路由表可以手工配置。手工配置路由表时,将计算机与路由器的 Console 端口连接,使用计算机上的超级终端软件或路由器提供的配置软件,用命令的方式把路由项逐一写入路由表。

对图 4-6 中左侧的路由器,配置路由表的命令如下:

RouterA(config)# ip route 200.24.94.0 255.255.255.0 e0
RouterA(config)# ip route 195.2.101.0 255.255.255.0 e1
RouterA(config)# ip route 183.2.0.0 255.255.0.0 195.2.101.5

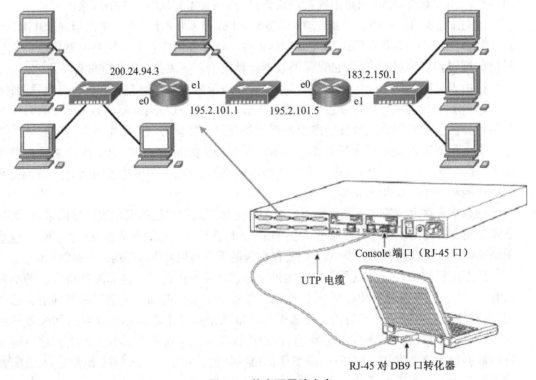

图 4-6 静态配置路由表

上面三条命令，分别将 200.24.94.0、195.2.101.0 和 183.2.0.0 三个路由项加入到自己的路由表中。有下划线的部分是输入的命令。"ip route"是思科公司路由器的静态配置路由表命令，"200.24.94.0"和"255.255.255.0"分别是可到达的网络和其掩码。"e0"是该网络所接的端口。第三条命令需要指出一个远程的网络，因此在命令中需要指出下一跳的路由器"195.2.101.5"。

一般情况下，直接与路由器相连的网段，在配置命令中就指出所连的端口，如第一、二条命令中的"e0"和"e1"。对于遥远的网段，则需要指出其下一跳的 IP 地址。

四、路由协议

1. 路由协议的功能

路由协议用于路由器之间互相动态学习路由表。路由器中安装的路由协议程序被用于路由器之间的通信，以共享网络路由信息。当网络中所有路由器的路由协议程序一起工作的时候，一个路由器了解的网络信息，也必然被其他全体路由器知道。通过这样的信息交换，路由器互相学习、维护路由表，使之反映整个网络的状态。

路由协议程序要定时构造路由广播报文并发送出去。收听到的其他路由器的路由广播也由路由协议程序分析，进而调整自己的路由表。路由协议程序的任务就是要通过路由协议规定的机制，选择出最佳路径，快速、准确地维护路由表，以使路由器有一个可靠的数据转发决策依据。

路由协议程序不仅要分析出前往目标网络的路径，当有多条路径可以到达目标网络时，还应该选择出最佳的一条，放入路由表中。

路由协议程序有判断失效路由的能力。及时判断出失效的路由，可以避免把已经无法到达目的地的报文继续发向网络而浪费网络带宽。同时，还能通过 ICMP 协议通知那些期望与无法到达的网络通信的主机。

图 4-7 为路由协议的功能示意图。现代路由器通常支持三个流行的路由协议：路由信息协议 RIP、内部网关路由协议 IGRP 和开放的最短路径优先协议 OSPF。也就是说，这些路由器中配置了三种常用的路由协议程序，至少支持 RIP 路由协议。可以根据需要选择使用哪种路由协议。OSPF 协议只在互联网那样复杂的网络中使用。

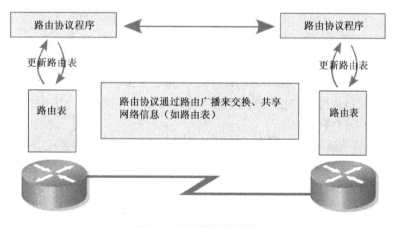

图 4-7　路由协议的功能

以上所说的三个协议,按发布早晚依次为:路由信息协议 RIP、内部网关路由协议 IGRP、开放的最短路径优先协议 OSPF,RIP 协议的历史最悠久,OSPF 是新一代的路由协议。显然,新开发的路由协议必然会克服旧协议中的一些不足。一般来看,越新开发的协议,越具有先进性。这种先进性表现在:

(1) 能够更准确地选择出前往具体网络的最佳路线。
(2) 当网络出现拓扑变化时能更快速地收敛。
(3) 更节省网络带宽。
(4) 支持变长子网掩码,以节省网络的 IP 地址。
(5) 耗费更少的路由器资源(节省路由协议程序工作所需要的 CPU 时间)。

目前的协议开发情况是,更新的路由协议,前四项指标更先进,但是,最后一项指标却是下降的,这也是为什么三种路由协议会并存的原因。

2. RIP 协议

路由信息协议 RIP 是历史最悠久的路由协议,最早由施乐公司开发,是 UNIX 一直支持的路由协议版本。由于它的实现方法简单,与其他的协议比较起来,耗费更少的路由器硬件资源(节省路由协议程序工作所需要的 CPU 时间和内存的大小),所以仍然被广泛支持。

RIP 协议的典型特征是用跳数来表示路由器与目标网络之间的距离。跳数是指从自己出发,还需要穿越多少个路由器。

RIP 协议程序在工作时,每隔 30 秒就把自己的路由表作为路由广播发给邻居路由器。同时,RIP 协议程序要接收邻居发来的路由广播,将收到的邻居的路由表与自己的路由表进行比较:

(1) 如果发现邻居路由表中有自己没有的路由项,就补充到自己的路由表中。同时把邻居的 IP 地址作为前往那个网络的下一跳地址。

(2) 如果发现邻居路由表中有自己已有的路由项,但是前往同一网络的距离更短,就用新的路由替代原有的路由(将下一跳指向新的路由器)。

其中,第一条的操作能够不断增加自己路由表中的表项,以便将网络中的所有网络地址收入路由表。第二条功能就是常说的最佳路径选择功能。由于 RIP 协议程序总是挑选使跳数最少的路由器作为前往目标网络的下一跳路由器,所以保证了最佳的路由。路由器的最佳路由选择功能具体地就表现在路由表中下一跳的选择上。

RIP 协议程序不仅要发现新的路由项(前往新的网络的路由),也要有能力发现失效的路由项(前往目标网络的路径已经损坏),并从路由表中删除。为此,RIP 协议制定了如下方法:如果一个路由器持续一段时间不能收到某个邻居的路由广播,就能确定该路由器已经不再工作,通过那个路由器前往的网络都已经不可到达,路由表中所有下一跳指向该路由器的路由项都将被删除。

RIP 协议的广播间隔是 30 秒。因为路由广播报文包有可能丢失,所以不能只有一个时间间隔没有收到邻居的路由广播就确定该邻居出现故障。RIP 协议规定的失效判断时间是连续 9 个时间间隔,即 180 秒。

当一个路由器连接的链路发生变化时,这个变化就通过路由广播通报给邻居,邻居再在它的路由广播中向更远的邻居通报。这样的信息传输像波一样会传递到网络的最远端。经过一段时间后,网络中的所有路由器都将获得这个链路变化的信息,并对自己的路由表做相应的修改。这时,我们称所有路由器都收敛了。

为了防止循环报文包在网络中无休止地循环,RIP 协议规定数据包最多只能穿越 15 个路由器。数据包的 IP 报头中有一个 hop 计数字段,每穿越一个路由器,hop 字段增 1。如果路由器发现数据包中的 hop 字段中的计数值超过 15,就会视该数据包是个非正常的循环包,并将之丢弃。

3. IGRP 协议

内部网关路由协议 IGRP 是一个由思科公司开发的路由协议。IGRP 与 RIP 协议最大的差异就是其对距离度量值的改进。RIP 协议使用跳数表现到达某个网络的距离。跳数越小,表明前往该网络的距离越近。但有时候这样的判断确定出来的路由并不是最佳的。

图 4-8 中的路由器 A 选择前往网络 B 的路由时,如果使用 RIP 协议,会选择 56k 的线路,因为走该路由只需 1 跳,而走另外的路由则需要 3 跳。但事实上最佳的路由是 100M 的路由。所以,仅凭跳数来选择路由,有时选择不到最佳的路由。

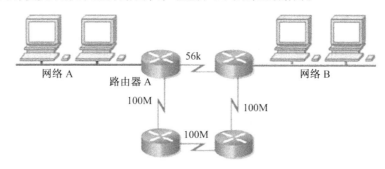

图 4-8 跳数判断往往不能确定出最佳路由

为了改进 RIP 协议的这个缺陷,IGRP 使用更科学的距离度量值。IGRP 使用链路带宽 bandwidth、负荷 load、延迟 delay 和可靠性 reliability 四个度量值来综合计算距离:

距离 = [k1/bandwidth + (k2/bandwidth)/(256 − load) + k3 × delay] × k5/(reliability + k4)

根据这个算法,距离与带宽和可靠性成反比。链路的带宽越高,可靠性越强,距离越短;链路负荷越大,延迟越大,距离越远。这个结果正是我们希望得到的。

如果图 4-8 中路由器 A 选用 IGRP 协议,会选择 100M 的链路前往网络 B,而选用 RIP 协议则会选择 56k 的链路。比起 RIP 协议,IGRP 协议能够更准确地选择到最佳的路由。

因 IGRP 协议衡量距离的大小要依据带宽、负荷、延迟和可靠性 4 个参数,所以人们往往称 IGRP 的距离度量值为距离矢量。k1、k2、k3、k4 和 k5 是 IGRP 计算距离时的权值,网络管理员可以通过设置上述算法的权值来体现自己对各个度量值在表现距离时的权重考虑。IGRP 协议默认 k1 = 10000000,k2 = 0,k3 = 1/10,k4 = 0,k5 = 0。这时,IGRP 的距离就简单地与带宽和链路延迟有关:

距离 = 10000000/bandwidth + delay/10

IGRP 的路由广播内容与 RIP 协议相同,也是播放自己的路由表。只是 IGRP 每 90 秒播送一次。IGRP 确认失效路由的时间间隔是 3 个播送周期,即 270 秒如果听不到某个邻居的路由广播,就确定那个邻居已经不能正常工作了。此时,IGRP 将调整路由表,将通过那个邻居前往的网络设置为不可到达。

图 4-9 为 RIP 协议与 IGRP 协议的比较。

	metric	max number of routers	origins
RIP	hop count	15	Xerox
IGRP	bandwidth load delay reliablity	255,successfully run in largest internetworks in world	Cisco

图 4-9 RIP 协议与 IGRP 协议的比较

4. 路由协议的分类

目前流行的路由协议分为内部路由协议 IRP 和外部路由协议 ERP。互联网被分为一个个"自治系统",在自治系统内使用的路由协议被称为内部路由协议 IRP。自治系统之间的互相连接依靠各个自治系统的边界路由器,边界路由器之间互相交换路由表的协议称为外部路由协议 ERP。

内部路由协议 IRP(Interior Routing Protocols)按不同的算法分为以下几种:

(1) 距离矢量(distance-vector)算法。

    RIP   路由信息协议
    IGRP   内部网关路由协议
    EIGRP   增强的 IGRP

(2) 链路状态(link-state)算法。

    NLSP   链路状态协议
    OSPF   开放最短路径优先
    集成 IS-IS

外部路由协议:ERP(External Routing Protocols)中包含了:

    BGP   边界网关协议

图 4-10 为自治系统与路由协议的分类示意图。

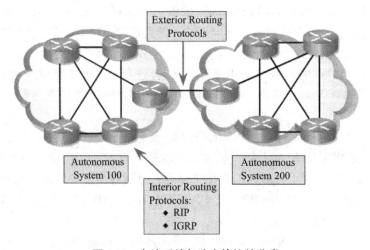

图 4-10 自治系统与路由协议的分类

五、默认网关

以太网中的主机如果要访问不是自己网络的其他主机时,就需要把数据包发给路由器,由路由器负责把数据转发到目标网络。主机把数据发送给路由器有两种方法:一种是主机用 ARP 查询目标主机的 ARP 请求被路由器应答,数据包被发给路由器;另外一种方法就是主机自己指定一个路由器作为自己的默认网关。

主机一旦设置了自己的默认网关,它在调用链路层程序之前就会主动比较自己的 IP 地址和目标 IP 地址。一旦发现目标主机与自己不在一个网络中,它就会通知链路层程序把数据发送给默认网关。

一个与互联网相联的路由器不可能了解所有的网络地址(互联网中有数百万个网络,如果路由器中的路由表盛放所有网络的表项,这个路由器也就无法工作了),因此,路由器也需要设置自己的上级默认网关,以便将自己未知网络的数据包发往上级默认网关。

默认网关不是一种新的网络设备,它是某一个路由器。主机和路由器指定某个路由器为自己的默认网关,可以将发往未知网络的数据包发给默认网关。默认网关总能通过自己的上级默认网关找到目标网络。

一台主机总是把离自己最近的路由器设置成自己的默认网关,一个局域网中所有路由器总是把本局域网到互联网的出口路由器设置成默认网关。

项目实施

实训 宽带共享技术

一、实训目标

(1)掌握路由器、交换机、计算机的连接方法。
(2)掌握路由器的安装方法。
(3)掌握路由器的宽带共享设置方法。

二、实训要求

实训环境:计算机若干台、TP-Link TL-R 系列宽带路由器一台、交换机一台、直通网线若干条。

三、实训重点

(1)网络设备连接。
(2)网络连通测试。
(3)计算机客户端设置。

(4) 路由器宽带共享设置。

四、实训步骤

对路由器进行基本配置,使计算机通过路由器实现共享上网,其过程相对来说比较容易实现。

1. 进入路由器管理界面

第一步:将 ADSL Modem、路由器、计算机连接起来。TL-R4XX 系列路由器的管理地址出厂默认为 192.168.1.1,子网掩码为 255.255.255.0(TL-R400 和 TL-R400+两款的管理地址默认为 192.168.123.254,子网掩码为 255.255.255.0)。用网线将路由器 LAN 口和计算机网卡连接好,因为路由器上的以太网口具有极性自动翻转功能,所以无论采用直连线或交叉线都可以,需要保证的是网线水晶头的制作牢靠稳固,水晶头铜片没有生锈等。

第二步:在计算机桌面上用右键单击"网上邻居",选择"属性",在弹出的窗口中双击打开"本地连接",在弹出的窗口中单击"属性",然后找寻"Internet 协议(TCP/IP)",双击弹出"Internet 协议(TCP/IP)属性"对话框。在该对话框中选择"使用下面的 IP 地址",将 IP 地址设置为"192.168.1.X(X 范围为 2~254)",子网掩码设置为"255.255.255.0",默认网关设置为"192.168.1.1",如图 4-11 所示。

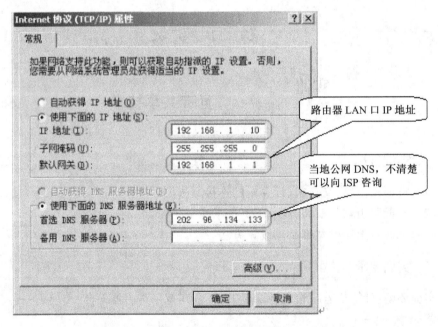

图 4-11 "Internet 协议(TCP/IP)属性"对话框

2. 检查计算机和路由器能不能通信

在 Windows 2000 或 Windows XP 操作系统下,单击"开始"→"程序"→"附件",点击"命令提示符",在 DOS 状态下进行检查。

第一步:检查上面的 IP 地址配置是否生效。

在 DOS 窗口中输入"ipconfig/all"并回车,当看到如下类似信息时,表示配置生效。

IP Address . . . . : 192.168.1.10

Subnet Mast . . . . : 255.255.255.0

Default Gateway. . . . . : 192.168.1.1

具体如图 4-12 所示。

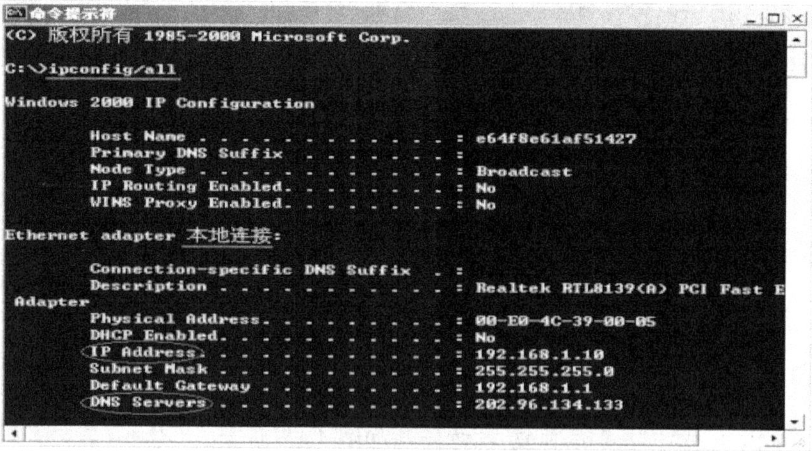

图 4-12 查看 IP 地址

第二步:从计算机往路由器 LAN 口发送数据包,看数据包能不能返回。在 DOS 状态下运行"ping 192.168.1.1 -t"并回车,如果出现如下类似信息,表示数据包可以返回。

Reply from 192.168.1.1:bytes = 32 time < 10ms TTL = 64

Reply from 192.168.1.1:bytes = 32 time < 10ms TTL = 64

Reply from 192.168.1.1:bytes = 32 time < 10ms TTL = 64

具体如图 4-13 所示。

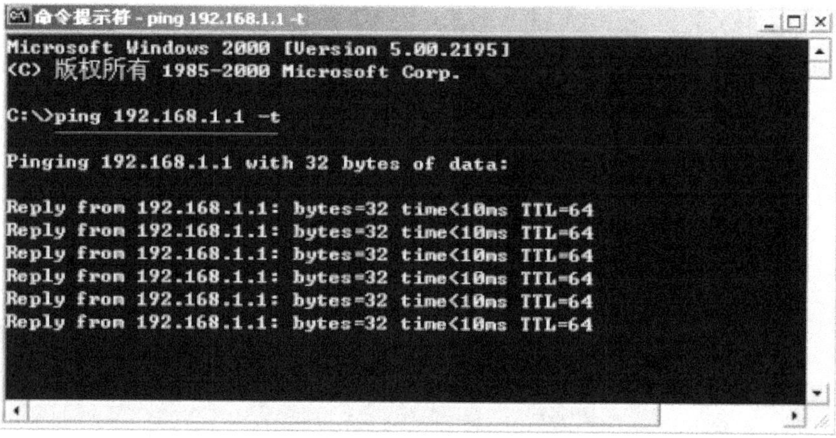

图 4-13 查看数据包能否返回

如果回车后提示"不是内部命令或外部命令,也不是可运行的程序或批处理程序",说明命令输入有误,请检查空格之类的输入是否有误。

3. 进入路由器管理界面

出现如图 4-13 所示的信息,表示计算机可以和路由器通信了,打开 IE 浏览器,在地址栏中输入 192.168.1.1 并回车,如图 4-14 所示。通常会出现要求输入用户名和密码的对话框。

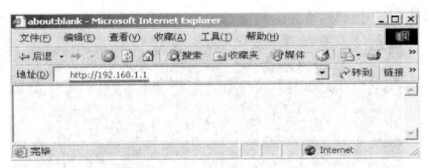

图 4-14 在浏览器地址栏中输入地址

如果打开 IE 浏览器,在地址栏中输入地址并回车,弹出"脱机工作"的对话框,单击"连接"后出现拨号的小窗口。请单击 IE 浏览器菜单栏的"工具"→"Internet 选项",在弹出的对话框内单击"连接"选项卡,具体操作如图 4-15 所示。

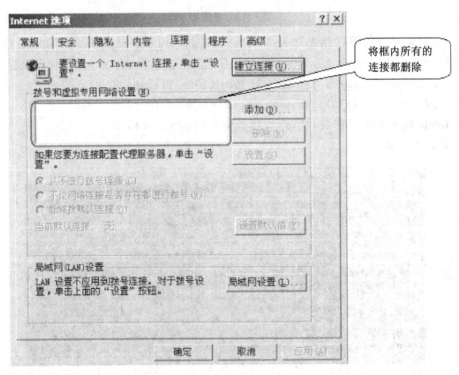

图 4-15 "Internet 选项"对话框中的"连接"选项卡

单击图 4-16 中圈出的"局域网设置"按钮。

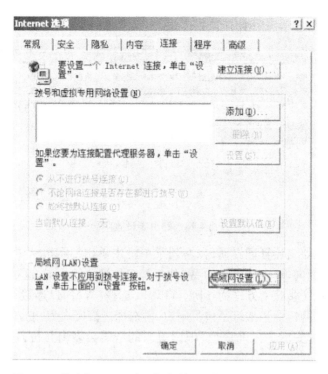

图 4-16　单击"Internet 选项"对话框中的"局域网设置"按钮

这时弹出如图 4-17 所示的"局域网(LAN)设置"对话框。在"代理服务器"中选中"为 LAN 使用代理服务器"。

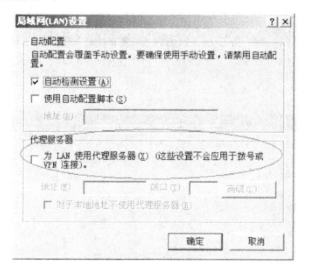

图 4-17　"局域网(LAN)设置"对话框

进行了上面的操作,一般即可进入路由器管理界面。

4. 开始配置路由器

第一步:有了刚开始时对宽带接入方式的信息准备,配置起来就方便多了。刚进入路由器管理界面时,会弹出一个类似图 4-18 所示的"设置向导"界面,可以勾选"下次登录不再自动弹出向导",并单击"退出向导"按钮。

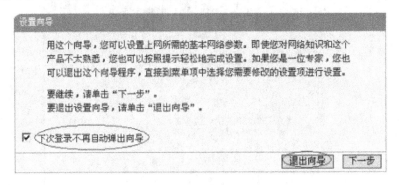

图 4-18　路由器设置向导

第二步:进入路由器管理界面,在左列菜单栏中单击"网络参数"→"WAN 口设置",然后进行路由器面向 Internet 方向的 WAN 口的工作模式的配置,这是最关键的一步。

第三步:假设宽带接入方式为 ADSL PPPoE,选择"WAN 口连接类型"为"PPPoE",并填入上网账号、上网口令。如果是包月用户,再选择连接模式为"自动连接",单击"保存"即完成配置。保存完后,"上网口令"框内填入的密码会多出几位,这是路由器为了安全起见进行的操作。

第四步:单击管理界面左列的"运行状态",刚开始在运行状态页面"WAN 口状态"中看不到对应的 IP 地址、子网掩码、网关、DNS 服务器等信息,如图 4-19 所示,这说明路由器正在拨号过程中。等到这些地址都正常显示后,将其中的 DNS 服务器地址填入计算机的"Internet 协议(TCP/IP)"对话框的对应位置并确定后,基本的设置就完成了。

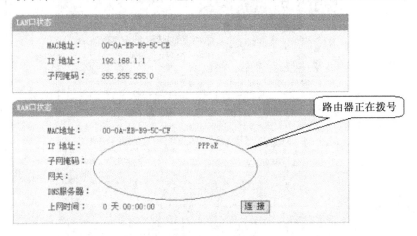

图 4-19　路由器拨号

5. 故障情况列举

如果图 4-19 中用椭圆形圈出的区域一直都没有变,看不到任何地址,可能是下面几种原因导致,请逐一排除。

(1) ADSL Modem 上一般都会有一个 ADSL 灯,正常情况下 Modem 加电并接好电话线后,这个灯会大致规律性地快慢闪烁,闪烁最终停止变为长亮。如果这个灯无休止地闪烁就是不长亮,请联系并告知 ISP;ADSL Modem 同局端的交换机不能同步。

(2) 在配置过程中填入"上网口令"的时候不小心输错,不妨重新输入一遍。

(3) ADSL Modem 启用了"路由模式",需要将 ADSL Modem 复位成"桥接模式"。怎么复位到桥接模式可以和 Modem 厂家联系取得操作方法。也可以先判断一下 ADSL Modem 的模式:计算机接 Modem 并且在计算机上拨号,拨号成功以后可以上网,说明 Modem 的工作方式是桥接模式,这样就可以排除 ADSL Modem 启用了"路由模式"。

(4) ISP 将计算机网卡的 MAC 地址绑定到了 ADSL 线路上。解决的办法就是使用路由器的"MAC 地址克隆"功能,将网卡的 MAC 地址复制到路由器的 WAN 口。

如果上面的可能性都排除了,ADSL PPPoE 拨号一般就没有什么问题了,下面列举另两个值得关注的故障原因。

(1) 宽带接入方式是以太网线直接引入,不是 ADSL,但同样需要拨号(拨号的软件不局限于一种),认证使用的协议也是 PPPoE,但就是拨号成功不了。如果 ISP 承诺带宽是 10Mbps,可找一个 10/100M 自适应的集线器,将宽带进线接在集线器上,然后再将集线器连接到路由器 WAN 口。经过这样一个速率适配的过程,拨号应该就没有问题了。

(2) 购买路由器前,是通过计算机运行拨号软件,填入用户名和口令进行拨号的。因拨号软件是 ISP 提供的专用软件,改用别的软件拨号成功不了。如果是这种情况,应联系 ISP 咨询宽带接入认证使用的协议是不是 802.1X,如果是的,有可能是认证系统在开发过程中加入私有信息,导致路由器拨号失败。

五、实训总结

ADSL Modem 路由方案仅适用于家庭或 SOHO 等小型对等网络,如果 ADSL Modem 拥有路由功能,即可实现 Internet 连接共享。采用该方案时,需要购置一台桌面式交换机,将所有计算机和 ADSL Modem 都连接到该交换机上,并启用 ADSL Modem 的路由功能。如果需要,还可以通过级联交换机的方式,成倍地扩展网络端口。

六、实训作业

(1) 如何进入路由器管理界面?

(2) 当计算机连接不到路由器时,该如何设置?

项目五 广域网协议原理及配置

 知识点、技能点

- HDLC 协议原理及配置。
- PPP、MP 协议原理及配置。
- 帧中继协议原理及配置。

 学习要求

- 掌握广域网协议的原理及其配置方法。
- 掌握广域网协议的配置方法。

 教学基础要求

- 能够正确配置广域网协议。

项目分析

随着政府机构、大型企业对信息化、网络化的要求逐渐升高,局域网互联技术也变得越来越重要。多个局域网跨地区、跨城市、甚至跨国家地互联在一起,就组成了一个覆盖很大区域的广域网 WAN(Wide Area Networks)。广域网是一个由多个局域网远距离连接在一起组成的大型网络。

一、广域网连接技术

1. 公共服务网络

大多数广域网互联采用租用公共数据网络的方案。公共数据网络是指通信公司建设的服务网络,如 ChinaDDN、ChinaFrame 等。通信公司建设这些网络后,通过出租线路服务,为我们提供网络远程互联的方案,如图 5-1 所示。

这样,用户不需要铺设局域网之间的连接线路,通过与通信公司签订线路租用合同,就可得到远程连接的线路,用户需要做的工作仅仅是配置好与公共网络连接的路由器。

公共网络与局域网的连接线路称为本地线路(国外称为最后几英里 last miles),签订线路租用合同后,由通信公司负责铺设。

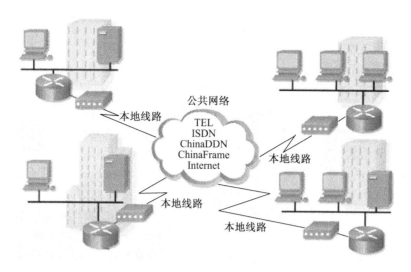

图 5-1　公共网

电话网络已经有一个多世纪的历史了,是世界上覆盖最为广泛的通信网络。使用电话网络的优点是不用重新铺设本地线路,因为电话网的本地线路已经铺设到局域网附近了。但电话网络的传输速度仅有 56kpbs,这使得很多用户放弃这个局域网互联的方案。

ISDN 是利用原电话网的本地线路为用户服务的数字通信网络,因此它与电话网一样具有不用专门铺设本地线路的优点。ISDN 提供的传输速度可以达到 128kbps,需要改造本地线路的宽带 ISDN 可以提供更高的传输速度(1.544Mbps)。

电话网和 ISDN 的共同缺点是在局域网需要长时间在线连接的情况下租用价格非常高,这对局域网互联的运行成本构成了压力。

我国在 20 世纪 90 年代中期由政府组织投资建设的 ChinaPAC、ChinaDDN 和 ChinaFrame 为局域网互联提供了更为可行的解决方案。ChinaDDN 和 ChinaFrame 能够提供更高的带宽和更便宜的运行成本,是银行、大型企业首选的公共服务网络。

2. 调制解调器

调制解调器用于把数字信号调制成模拟信号发送,或将接收的模拟信号解调回数字信号,如图 5-2 所示。

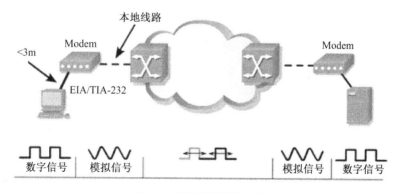

图 5-2　调制解调器的功能

在下列两种情况下需要使用调制解调器：

（1）在有限频宽的电缆中传输数字信号。

（2）频分多路复用。

最典型的有限频宽的电缆是电话线电缆。电话线电缆的频带宽度是 2MHz 左右，而目前数字信号的频宽为 8~80MHz，大于电话线电缆能够传输的频率。因此，直接将数字信号放到电话线电缆上是无法传输的。

为了在电话线电缆上传输数字信号，就需要使用调制解调器把用电压表示的 0、1 数字信号，转换为用其他方式表示 0、1 的模拟信号。调制解调器可以用正弦波的频率、幅值或相位来表现 0、1 信号。

调制解调器用正弦波的频率表示 0、1 信号时，发送端的调制解调器可以用一个频率（如 1.5kHz）表示 0，用另外一个频率（如 2.5kHz）表示 1。接收端的调制解调器根据信号的频率就能识别目前接收的是 0 还是 1。而 1.5kHz 和 2.5kHz 的正弦波信号都落在电话线电缆的频率响应范围内，利用这种调频的正弦波数字信号就可以在电话线电缆中传输了，如图 5-3 所示。

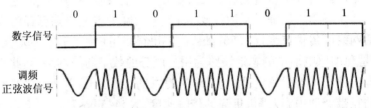

图 5-3　信号调频

上述这样利用正弦波的频率变化来表示数字信号而幅值不变的方法，称为调频。

利用正弦波信号的幅值也可以表现 0、1 数字信号，如图 5-4 所示。与调频不同，调幅时的调制解调器不改变正弦波信号的频率，而是改变幅值，用较高和较低的幅值来表现 0、1 数字信号。

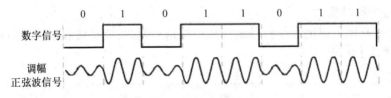

图 5-4　信号调幅

调相也是一种常用的信号调制方法，正弦波信号的相位同样也可以表现 0、1 数字信号。从图 5-5 可见，当正弦波信号自采样点开始首先由零向正方向变化称为正相位，表示数字 0；正弦波信号自采样点开始首先由零向负方向变化则称为负相位，表示数字 1。

从图 5-5 可以发现，连续的 1 或连续的 0 在采样点的相位是保持不变的。因此有的教科书上说调相调制解调器是用相位的突然改变来表示 0 到 1 的变化或 1 到 0 的变化。

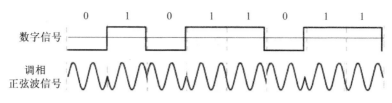

图 5-5　信号调相

我们称利用频率、幅值和相位的变化来表示数字 0、1 信号的正弦波信号为载波信号。只要载波信号的频率落在电话电缆的频带内,我们就可以利用载波信号来传输数字信号。通信术语中,二进制数字信号转换成模拟正弦波信号的过程称为调制,在接收端将模拟正弦波信号还原成二进制数字信号则称为解调。调制解调器包含了调制和解调两层含义。

在电视电缆中传输数字信号也使用调制解调器,即 Cable Modem。我们已经知道,目前数字信号的频宽都在几十兆赫兹左右,而电视电缆的频宽都在 550MHz 以上,为什么还需要调制解调器呢?这是因为电视电缆除了传输数据以外,还需要传输多路电视节目信号。目前的电视电缆都采用频分多路复用技术来实现在一根电缆中传输多路节目信号,数据信号如果占用太大的带宽,就会影响电视电缆正常传输电视节目。由于数据信号只能使用电视电缆中的部分频带宽度(8MHz),因此依然要使用调制解调器。在电视电缆中传输数字信号时使用调制解调器,不仅可降低数字信号所占用的频率宽度,而且可把数据信号调制到设定的频段上去。

租用公共数据网络构造广域网,通常需要使用调制解调器。这是因为从公共数据网络到用户端的这段距离,通常采用电缆连接。这样的远距离传输的电缆,其频率宽度都是有限的,必须使用调制解调器来降低信号的带宽才能传输。

3. DTE 设备与 DCE 设备

在广域网互联中,通过公共数据网中的租用线路,将各个局域网连接到公共数据网络上,就实现了局域网的互联。

局域网与公共数据网络的连接中,局域网的最外端设备通常是路由器,公共数据网络最外端设备通常是类似 CSU/DSU、调制解调器这样的设备。我们称局域网最外端设备为 DTE(数据终端设备 Data Terminal Equipment),称公共数据网络最外端设备为 DCE(数据通信设备 Data Communication Equipment)。DTE 设备和 DCE 设备都放置在用户端,如图 5-6 所示。

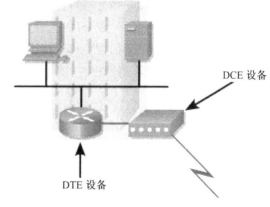

图 5-6　DTE 设备和 DCE 设备

在与通信公司签订了线路租用合同后,通信公司会铺设自通信公司到用户端的本地线路电缆,并调通自 DCE 设备到通信公司网络的连接。事实上,广域网互联非常简单,用户只需要将自己的 DTE 设备与电话公司的 DCE 设备连接上,然后正确配置 DTE(如路由器),就完成了连接的任务。图 5-7 中的 CSU/DSU 是在用户与公共数据网之间使用数字信号传输时使用的设备。如果这段距离使用模拟信号传输,DCE 设备就需要用调制解调器。

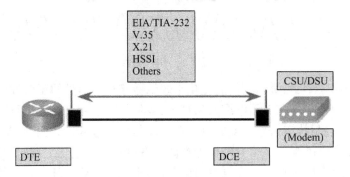

图 5-7　DTE 与 DCE 的连接

DTE 设备与 DCE 设备使用串行连接。在我国,由路由器作为 DTE 来与 DCE 设备连接时多使用 V.35 标准,而不是使用我们熟悉的 232 标准(232 标准是 TIA/EIA 发布的,CCITT 也有相同的标准,称为 V.24)。

二、PPP 协议

在以太网通信中,广泛使用 TCP(或 UDP)、IP 与 IEEE 802 三个协议联合完成寻址和通信控制任务。IEEE 802 是一个局域网的链路层工作协议,不能在广域网中使用。在涉及电话网、ISDN 网这样的广域网连接中,需要在链路层使用另外的一个称为 PPP 的协议程序。

在如图 5-2 所示的点对点连接中,发送主机需要在链路层使用 PPP 协议程序来完成链路层的数据封装。控制往物理层发送移位寄存器上发送数据的工作,也由 PPP 协议程序来完成。在接收主机中,链路层的工作也由 PPP 协议程序承担。

图 5-8 是使用电话网或 ISDN 互联局域网的例子。在这里,发送主机的链路层仍然使用 IEEE 802 协议程序,因为主机直接连接的是以太网络。数据包到达路由器 A 后,路由器 A 将使用 PPP 封装数据包,继续将数据包转发到电话网或 ISDN 的链路上。在接收方,路由器 B 也将使用 PPP 程序控制从移位寄存器中接收数据包。然后,路由器 B 将用 IEEE 802 程序重新封装数据帧,发送到自己的以太网中,交目标主机接收。

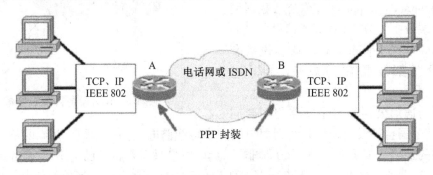

图 5-8　使用电话网或 ISDN 互联局域网

1. PPP 协议的功能

PPP 协议是一个链路层协议,工作在如电话网、ISDN 等的点对点通信的连接上。PPP 是 Point-to-Point Protocol 的缩写,称为点对点连接协议。

PPP 协议因为工作在点对点的连接中,因此具有如下两个特点。

一是点对点的连接不需要物理寻址。这是因为发送端发送出的数据包,经点对点连接链路,只会有一个接收端接收。在数据传输开始前,数据转发线路已经由电话信令信号沿电话网或 ISDN 中的交换机建立起来了。开始传送数据后,电话网或 ISDN 中的交换机不再需要根据报头中的链路层地址判断如何转发。在接收端,也不需要接收主机像以太网技术那样根据链路层地址辨别是否是发给自己的数据包。因此,PPP 协议封装数据包时,不需要再在报头中封装链路层地址。

如图 5-9 所示的 PPP 报头中,虽然有地址字段,但是已经是个作废的字段,固定填写 11111111。这个字段是 PPP 协议继承其前身 HDLC 协议得到的,PPP 协议虽然没有使用这个字段,但是还是在自己的报头中将其保留了下来。

图 5-9 PPP 报头格式

PPP 协议的第二个特点是,点对点连接的线路两端只有两个终端节点,显然不再需要介质访问控制来避免介质使用冲突。

基于上述两个特点可见,虽然 PPP 协议是个链路层协议,但是它不再需要完成介质访问控制的工作。由于不像在以太网中那样需要 MAC 地址,因此不需要为数据包封装链路层地址。PPP 协议程序的基本功能是在点对点通信线路上取代 IEEE 802 协议程序,完成控制数据从内存向物理层硬件(移位寄存器)的发送和从物理层硬件接收数据的工作。

PPP 协议除了控制数据的发送与接收的基本功能外,又扩大了许多功能,使之非常适合用在点对点连接的通信线路上。这些增强的功能是:连接的建立、线路质量测试、连接身份认证、上层协议磋商、数据压缩与加密。

综上所述,PPP 协议的功能可归纳如下:

(1) 连接的建立:通过来、回一对呼叫报文包,建立通信连接。

(2) 线路质量测试:通过来、回一对或多对测试包,测试线路质量(延迟、丢包等)。

(3) 连接身份认证:通过来、回一对或多个认证包,确认被呼叫方合法身份。

(4) 上层协议磋商:通过来、回一对或多对磋商包,磋商上层协议的类型。

(5) 控制数据的发送与接收:可选择数据进行压缩与加密。

(6) 连接的拆除:通过来、回一对呼叫报文包,拆除通信连接。

2. PPP 协议的报头格式

图 5-9 所示为 PPP 报头格式,它包括如下 6 个部分:

(1) 标记。即 Flag 字段,长度 1 字节,01111110 二进制序列,标明一帧数据的开始。

(2) 地址。即 Address 字段,长度 1 字节。PPP 没有使用这个字段,放置一个固定的广播地址 11111111。

(3) 控制字。即 Control 字段,长度 1 字节。PPP 也没有使用这个字段,放置一个固定数值 00000011。这也是一个继承 PPP 前身 HDLC 协议的字段。在 HDLC 协议中使用这个字段来放置帧序号以完成出错重发任务,而 PPP 协议放弃了出错重发任务,把这个工作留给 TCP 协议去完成。HDLC 协议中还使用这个字段来放置流量控制等控制码信息。

(4) 上层协议。即 Protocol 类型字段,长度 2 字节。这个字段用来指明网络层使用的是哪个协议,如 0x8021 代表上层协议是 IP 协议;0x802b 代表上层协议是 IPX 协议;0xC023 代表上层协议是身份认证 PAP 协议。

(5) 数据区。最大长度 1500 字节。

(6) 报尾。长度 2 字节,放置帧校验结果。

3. PPP 协议的子协议

我们知道,以太网的链路层协议 IEEE 802 是由两个子协议 IEEE 802.2 和 IEEE 802.3 组成的。其中 IEEE 802.3 程序完成链路层的主体工作,IEEE 802.2 则承担 IEEE 802.3 程序与上层协议程序的接口任务。PPP 协议也由两个子协议组成,即 NCP 和 LCP。LCP 子协议程序完成 PPP 的链路层主体工作;NCP 子协议程序则承担 LCP 程序与上层协议程序的接口任务,如图 5-10 所示。

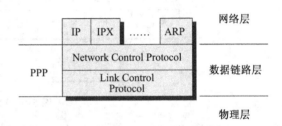

图 5-10 PPP 的 NCP 和 LCP 子协议

4. PPP 协议的基本操作

PPP 协议的基本操作分别在 6 个不同的周期内进行,具体如下:

(1) 周期 1:链路建立周期。LCP 程序发送"链路连接建立请求"包,向点对点连接的另一方请求建立连接。对方如果同意建立此连接,则返回一个"链路连接建立响应"包。在请求包、应答包中,还携带了一些磋商参数,如最大报文长度、是否对数据压缩、是否对数据加密、是否进行连接质量检测、是否进行身份认证及使用哪种身份验证协议等。

(2) 周期 2:链路质量测试周期。LCP 程序通过发送测试包给对方,等待对方回送该测试包,以测试线路质量,如延迟时间、是否丢包等。这是一个可选周期,在链路建立周期由双方磋商是否需要这个周期。

(3) 周期 3:身份验证周期。这也是一个可选的周期。如果在链路建立周期中双方磋商需要这个周期,则 PPP 协议调用身份验证协议程序 PAP 或 CHAP,通过交换报文进行身份验证。如果身份验证失败,PPP 的连接将失败。

(4) 周期 4:上层协议磋商周期。在这个周期,由 NCP 程序构造上层协议磋商报文包,发送给对方。这个 NCP 磋商报文包中放置上层协议编码(如 0x8021 表示上层协议是 IP 协议),如果对方同意使用邀请使用的上层协议,将在磋商应答报文包中使用相同的上层协议编码。

(5) 周期5:数据发送周期。完成了上述连接建立的工作后,就可以在这个周期内进行数据传输了。这个周期可以持续几分钟,直至几个小时。期间 LCP 程序可以发送"link-maintenance"报文来调整双方的配置,或维持连接。如果在第一个周期中双方磋商对数据进行压缩,以减少数据传送量,则 LCP 程序会对待发送的数据进行压缩后再发送。通常的压缩协议是 Stacker 和 Predictor。

(6) 周期6:连接拆除周期。通信结束后,任何一方的 LCP 程序都可以使用"连接拆除"报文来终止双方的连接。如果在数据发送周期里线路上长时间没有流量,LCP 程序就会认为对方异常终止,便会自行关闭连接,并通知网络层,以便使其做出相应反应。由此可见,正常情况下如果在数据发送周期暂时没有数据发送,就必须发送"Keep Alive"报文包,以避免对方自行拆除连接。"Keep Alive"报文包是由 LCP 程序生成并发送的。

在上述各个周期里,点对点连接的双方很容易从 PPP 报头的协议字段分清数据包的类型。如 0xC021 指明数据包是链路层控制协议(LCP)报文;0xC023 指明是 Password Authentication Protocol 密码认证协议报文;0xC025 指明数据包是 Link Quality Report 链路品质报告报文;0xC223 是 Challenge Handshake Authentication Protocol 挑战-认证握手协议报文;而 0x8021 则是真正传送的数据(IP 报)。

三、综合业务数字网 ISDN

20 世纪 90 年代末,综合业务数字网 ISDN 在我国引起了广泛的注意。在通信公司的局间电话网络实现了数字通信后,ISDN 技术旨在使通信公司与用户端之间的信息交换也实现数字化传输,而不需更换原电话线缆。ISDN 不仅使语音通话实现了数字化,而且使电话线传输数字信号的数据传输速率(56kbps)得到较大的提高。BRI ISDN 可以提供 144kbps 的传输速率,PRI ISDN 的传输速率可达到 1.544Mbps 或 2.048Mbps。

1. ISDN 的信道

ISDN 技术使用时分多路复用(TDM)技术将原电话线划分为多条信道。BRI ISDN (Basic Rate Interface ISDN)将原有电话线时分复用为 3 个信道:2 个 64kbps 的 B 信道和 1 个 16kbps 的 D 信道,总带宽为 144kbps。我国和欧洲的 PRI ISDN(Primary Rate Interface ISDN)将线路时分复用为:30 个 64kbps 的 B 信道和 1 个 64kbps 的 D 信道,总带宽为 2.048Mbps。北美和日本的 PRI ISDN 将线路时分复用为:23 个 64kbps 的 B 信道和 1 个 64kbps 的 D 信道,总带宽为 1.544Mbps,如图 5-11 所示。

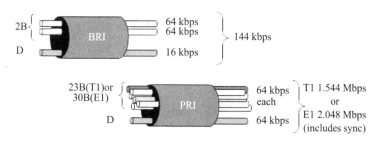

图 5-11 ISDN 的时分多路复用

B 信道是传输信道 Bearer Channel 的简称,D 信道则是术语 Delta Channel 的简称。

对于小型办公室的广域网连接,BRI ISDN 能够提供理想的解决方案。这是因为 BRI ISDN 不用更换原来的电话线路,连接方便。尤其是对于办公地点可能变动的局域网,使用 BRI ISDN 不用通信公司安装和拆除专门的线路。

我国的 BRI 的 D 信道为通信公司传输信令使用,目前不提供给用户,因此用户只能使用两个 B 信道。当流量小的时候,可以使用其中一个 B 信道,得到 64kbps 的传输带宽。此时,语音通信可以使用另外一个 B 信道同时进行。当流量较大时,可以同时使用两个 B 信道,得到 128kbps 的传输带宽,为模拟 Modem 56kbps 传输速率的两倍以上。

使用 PRI ISDN,多条 B 信道同时为两点传输数据,可用于视频信号传输和其他需要使用宽带的信号传输。

2. ISDN 的用户端设备

在通信公司内部以及通信公司局间的通信已经实现了数字化后,ISDN 是对"最后几英里"数字化的努力。

在 ISDN 网络中,数字化的工作是在用户端完成的,而不是在局端。用户在申请将自己的原电话连接改为 ISDN 后,需要在自己一端安装一个 32 开本书大小的盒子,称为 NT1 Plus。我国通信公司提供的 NT1 Plus 通常有以下 5 个接口:1 个 Line 口(RJ-11 的 2 线接口,连接原电话入线)、2 个 TE1 口(RJ-45 的 8 线接口,连接数字电话机、数字传真机、路由器等)和 2 个 TE2 口(RJ-11 的 2 线接口,连接传统电话机、传统传真机、Modem 等)。

图 5-12 为 ISDN 的用户端设备。

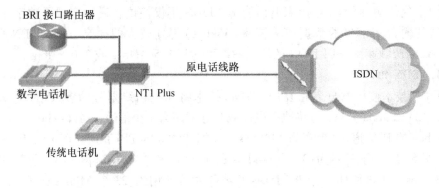

图 5-12 ISDN 的用户端设备

ISDN 在原电话线路上时分多路复用为 2B + D 三个信道,NT1 Plus 挂接 4 个设备,用户可以使用两个 B 信道同时传输两路信号,或将两个 B 信道作为一路信号传输数据。

NT1 Plus 的内部由如下三个部件组成:

(1) NT1:网络终端设备 1,用于连接电话入线,将 4 线 BRI 信号转换为 2 线 ISDN 数字信号。

(2) NT2:网络终端设备 2,完成集线功能,起交换机的作用,将多个设备连接至一条 ISDN 线路上,必要时实现多路复用。

(3) TA:终端适配器,用于将传统电话机、传真机和 Modem 的模拟信号转换为 ISDN 的数字信号,使 ISDN 线路仍然可以兼容传统的电话设备。

NT1、NT2 和 TA 如图 5-13 所示。

3. 数据传输中 ISDN 的协议、标准

用 ISDN 互联局域网,使用 ISDN 线路中的 B 信道。B 信道通信中的传输层协议和网络层协议仍然使用 TCP/UDP 和 IP,链路层协议则使用 PPP 协议（或 HDLC 协议）。也就是说,使用 ISDN 的数据传输是由 TCP/UDP 程序、IP 程序和 PPP 程序联合控制完成的。

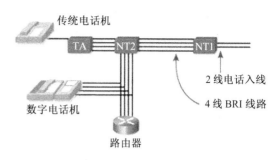

图 5-13　NT1、NT2 和 TA

在 ISDN 的链路层使用 PPP 协议,和在以太网的链路层使用 802 协议一样,PPP 协议要完成数据的封装、差错校验,并控制数据发给物理层电路和从物理层电路上接收数据。

为了进行通信,在使用 B 信道通信前还需要建立 ISDN 从发送端到远端接收端的线路呼叫连接。线路的呼叫连接是依靠 D 信道的信令完成的。D 信道的信令构造、解读、发送与接收使用另外一套协议——Q 协议。Q 协议是 ITU-T（International Telecommunication Union Telecommunication Standardization Sector）为 ISDN 的线路呼叫制定的 D 信道协议。

ISDN D 信道的网络层使用 ITU-T Q.931 协议,链路层使用 ITU-T Q.921 协议。在一个局域网的边界路由器试图向另外一个局域网的路由器发送数据时,就需要建立一条 ISDN 的线路。这时 D 信道就被用来在路由器和 ISDN 网的边界交换机之间交换呼叫信息包。边界交换机中的一种称为 7 号信令的指令系统（SS7）使用被呼叫的电话号码沿 ISDN 网中的各个交换机建立起呼叫方和被呼方的连接线路。

ISDN 两个信道在物理层使用 I 协议,I 协议规定了 ISDN 在物理层上的电气特性的标准和物理连接方式的标准。图 5-14 为 ISDN 的协议与标准示意图。

OSI 模型	D 信道	B 信道
网络层	Q931	IP
链路层	Q921	PPP 或 HDLC
物理层	BRI:I.430 PRI:I.431	

图 5-14　ISDN 的协议与标准

4. ISDN 交换机的类型

关于 ISDN 技术的研究早在 20 世纪 60 年代末期就已经开始了,而统一的 ISDN 技术标准（Q 协议、I 协议）到了 1984 年 10 月才被 CCITT 的代表通过并发布。这时,在欧洲和北美各国已经建设了 ISDN,网络的设备并不完全符合 CCITT 的 Q 协议。目前,不同国家的通信公司的 ISDN 使用不同的交换机类型,它们在总的工作方式上符合 CCITT 公布的 Q 协议,物理接口也符合 I 协议,但是存在诸如电话呼叫等方面的微小差别。

常见的交换机类型有美国和加拿大使用的 AT&T 公司的 5ESS 和 4ESS、北方电讯公司的 DMS-100；在法国使用的是 VN2、VN3 型交换机；日本的交换机类型是 NTT；英国的是 Net3。

在为自己的局域网互联选择了 ISDN 作为公共服务网的时候,需要了解提供连接线路服务的通信公司使用哪种 ISDN 交换机,以对局域网最外端设备路由器做相应配置。经过正确配置的路由器才能与 ISDN 网的最外端交换机正确通信。

人们从 20 世纪 60 年代末开始研究 ISDN,70 年代就有通信公司将其投入使用,但是其网络规模和业务量是从 1993 开始迅速发展起来的。

四、帧中继网

帧中继网是为局域网互联提供的综合性能(可靠性、价格、传输速率、网络时延、响应时间、吞吐量、覆盖面等)较好的公共网络,可提供高达 45Mbps 的数据传输。帧中继网正在逐渐替代 DDN,成为提供局域网互联的主要公共服务网络。

帧中继网最早于 1992 年在美国投入公共服务。我国从 1996 年底由中国电信开始建设我国的帧中继网,其一期主干网络于 1997 年 6 月建设完成,覆盖北京、上海、广州、沈阳、武汉、南京等 21 个城市,并在北京、上海和广州建立了国际出口,与其他国家和地区的帧中继网络相连。目前,经过多年的建设我国的帧中继网覆盖面已非常广泛。

1. 帧中继网的构造

帧中继网是由帧中继交换机组成的一个跨地域的大型网络,如图 5-15 所示。帧中继网络的核心是帧中继交换机——一个工作在链路层的网络设备。帧中继交换机之间使用光纤连接,采用时分多路复用的方式提供多条虚电路。

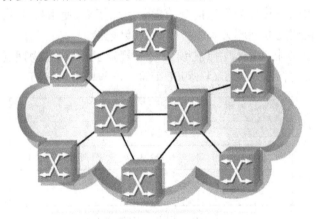

图 5-15 由帧中继交换机组成的一个大型网络

帧中继网是一个分组交换网,在帧中继交换机之间传输的数据包是与局域网中一样带有帧报头的数据帧。帧中继数据帧的报头格式如图 5-16 所示。

1字节	2字节	最大1500字节	2字节
起始标记	DLCI 地址标志位	DATA	FCS 校验

图 5-16 帧中继的报头格式

帧中继报头的头一个字节是二进制序列 01111110,它标明一帧数据的开始。第二个字段是 16 位的地址字段,其中 DLCI 地址占 10 位,另外还有 3 个标志位,分别是向前拥挤标志位 FECN、向后拥挤标志位 BECN 和丢弃标志位 DE。

DLCI 地址是交换机识别虚电路使用的虚电路号（Data Link Channel Identifier）。帧中继交换机使用 DLCI 地址进行数据包转发的工作原理如图 5-17 所示。

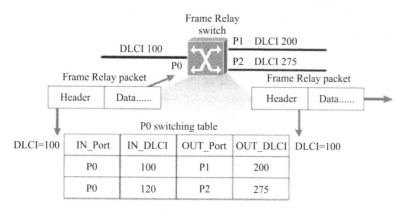

图 5-17　帧中继交换机的工作原理

帧中继交换机与以太网交换机一样，拥有一个交换表。数据包进入端口后，交换机从帧报头的地址字段取出 DLCI 地址，查交换表就可以得知应该向哪个端口转发。与以太网交换机不同的是，由于 DLCI 地址只在一对交换机之间的链路上有效，所以，帧中继交换机在向另外一个端口转发数据包时，需要重新封装帧报头。

如图 5-18 所示，帧中继网中的一条虚电路需要有一系列 DLCI 地址标识。当用户向通信公司租用了一条由局域网 A 至局域网 B 的虚电路时，通信公司要为这条虚电路沿途分配一系列 DLCI 地址。例如，图中这条从局域网 A 至局域网 B 的虚电路，使用 231、96、755、284、87 五个 DLCI 地址来标识。

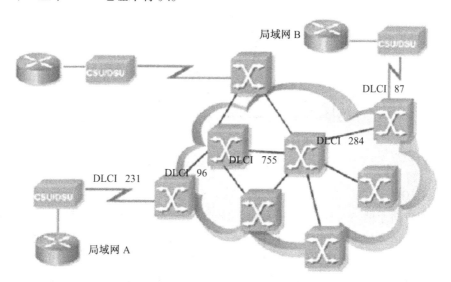

图 5-18　帧中继网络中的一条虚电路

帧中继交换机完成数据包转发的关键是数据包报头中的 DLCI 地址和交换机内的交

换表。只是帧中继报头中只有一个 DLCI 地址,用来标识虚电路号;而以太网帧报头中有两个 MAC 地址,用来表示通信的两端。

2. 帧中继网的虚电路

帧中继网将其每对交换机之间的连接线路采用时分多路复用方式划分为多条虚电路,带宽低的虚电路(如 64kbps)分配的时隙少,带宽高的虚电路(如 2Mbps)分配的时隙则多。

虚电路 virtual circuit 是一条客观存在的通信线路,但是在物理上又无法独立存在。一条物理线路可以分解为多条虚电路。显然,一条物理线路承载的虚电路越多,每个虚电路的传输带宽就越小。

通信公司通过出租虚电路的方式向用户提供远程连接服务。当用户提出向通信公司租用一条 128kbps 的虚电路时,通信公司称这个带宽为承诺信息速率(Committed Information Rate,CIR)。CIR 是用户向通信公司租用线路的传输速率,通信公司需要保证提供这样的传输速率。通信公司在保证用户 CIR 的前提下,如果用户的数据发送速率超过 CIR,帧中继网将占用其他用户的空闲时隙来为用户传送数据,但超出 CIR 传送的那部分数据,网络将只按尽力而为的转发策略提供转发。

从用户局域网到通信公司的本地线路上的数据传输速率称为链路速率。链路速率是用户和帧中继网之间线路的速率,进入帧中继网的最大数据量受链路速率的限制。

如图 5-19 所示,B 网络租用两条虚电路(DLCI = 44 和 DLCI = 52)分别与 A 网络和 C 网络远程连接。也就是说,在通信公司至 B 网络的本地连接线路上承载着两条虚电路。显然,本地连接线路上的链路速率需要等于或高于所租用的两条虚电路的 CIR 之和。一般情况下,人们总是要求链路速率为所租用的两条虚电路的 CIR 之和的 2~3 倍。

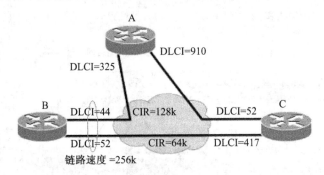

图 5-19 帧中继网中的链路速率和承诺信息速率

3. DLCI 地址

当用户向通信公司租用了一条由局域网 A 至局域网 B 的虚电路时,通信公司要为这条虚电路沿途分配一系列 DLCI 地址。一条虚电路是由一系列 DLCI 地址标识出来的。DLCI 地址是一个 10 位的编码,由于它是一个"本地地址",只标识一段线路上的某条虚电路,只在这段线路上唯一。所以,10 位的 DLCI 地址能为 1024 条虚电路编码,在用户至通信公司帧中继交换机之间的本地线路上是够用的。

但是,根据 ITU-T 和 ANSI 的规定,DLCI 地址中只有 16~991 是分配给出租线路的,其他的 DLCI 地址保留给用户至通信公司帧中继交换机之间传输控制信号的虚电路使用。

4. 帧中继报头中的标志位

由帧中继的报头格式可知,帧中继技术需要使用 3 个标志位:向前拥挤标志位 FECN、向后拥挤标志位 BECN 和丢弃标志位 DE。

在数据刚被发送的时候,FECN 和 BECN 都被设置为"0",表示没有拥挤。当一个数据帧在帧中继网中的某个交换机上遇到了阻塞时,该交换机就会把 FECN 置为"1",用来告诉目标主机本帧数据经历了拥塞。同时,交换机会把数据帧的 BECN 也置为"1",告诉源主机,在本帧传送的相反方向上出现了数据阻塞。可见,FECN 和 BECN 是由发现拥堵的帧中继交换机置位的。帧中继报头中的 FECN 和 BECN 如图 5-20 所示。

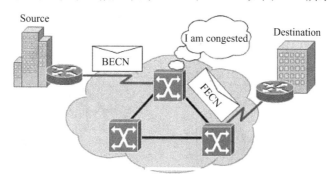

图 5-20 帧中继报头中的 FECN 和 BECN

帧中继技术的前身 X.25 技术需要在链路层也进行流量控制。帧中继技术实施的一个重要改进就是放弃在链路层进行流量控制和出错重发,以去掉复杂机制换取更高的吞吐量。因此,对于流量拥挤帧中继技术只是简单地标识出拥挤事件,而不做任何处理。

丢弃标志位 DE 的使用方法如下:数据被发送的时候,那些超过 CIR 的数据帧的丢弃标志位 DE 被置为"1"。当交换机无法挪用足够的其他用户的空闲带宽传输这些数据时,丢弃标志位 DE 为"1"的数据将被丢弃。

5. 本地管理接口 Local Management Interface (LMI)

帧中继提供了一个在帧中继交换机和帧中继数据终端设备(路由器)之间的简单的信令协议 LMI。帧中继交换机和路由器之间依靠 LMI 报文传送交换信息。

DLCI 地址为 16~991 的包是正常的数据包。如果帧中继交换机收到路由器,或路由器收到帧中继交换机一个 DLCI 地址在上述范围外(如 1023)的包时,便可辨别出这是一个 LMI 包,它不是待传输的数据,而是通信控制信息,只需要帧中继交换机或用户路由器进行解读。

目前有如下三个并存的 LMI 协议:

(1) Cisco:这是由 Cisco 公司、StrataCom 公司、Northern Telecom 公司和 DEC 公司联合制定的协议,使用 1023 作为 DLCI 地址,标识控制信息传输的专用虚电路。

(2) Ansi:ANSI 制定的协议,使用 0 作为 DLCI 地址,标识控制信息传输的专用虚电路。

(3) Q933a:ITU-T 制定的协议,使用 0 作为 DLCI 地址,标识控制信息传输的专用虚电路。

DLCI 地址中 1008～1022 被 ITU-T 和 ANSI 保留，用于将来的 LMI 通信；Cisco 公司则已经使用 DLCI 为 1019～1022 的虚电路作为其帧中继组播。

6. 连接局域网到帧中继网

如图 5-21 所示，当用户与通信公司签订完线路租用协议后，通信公司将负责把本地连接电缆从帧中继网端铺设到用户指定的位置，并发放一个 CSU/DSU 设备给用户。CSU/DSU 设备是帧中继网最外端设备 DCE，由通信公司负责调试帧中继线路两端的 CSU/DSU 设备。用户需要做的工作是把自己的路由器（DTE）使用串口（通常是 V.35）连接至 CSU/DSU 设备（图 5-22），然后配置好路由器，这便完成了连接工作，并可以使用租用的线路了。

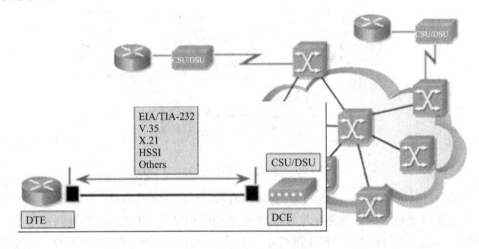

图 5-21　与帧中继网的连接

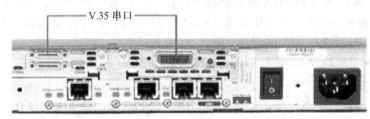

图 5-22　路由器的 V.35 串口

路由器在以太网和帧中继网之间转发数据的原理如图 5-23 所示。

在图 5-23 的例子中，左侧的局域网通过租用帧中继线路与 10.0.0.0 网络连接。左侧路由器需要建立一个帧中继地址映射表，记录前往 10.0.0.0 网络的下一跳路由器端口 172.16.1.2，数据需要通过 DLCI 地址为 100 的虚电路传输。

当路由器收到一个需要前往 10.0.0.0 网络的数据包时，通过查询路由表得知这个数据包需要通过自己的 S0 端口转发。当它查询自己的配置文件得知这个 S0 端口封装的是帧中继协议时，便查询帧中继地址映射表，取出 DLCI 地址（100），封装上帧报头，发送给 CSU/DSU。CSU/DSU 设备会将这个数据包发送到帧中继网的第 100 号虚电路中。

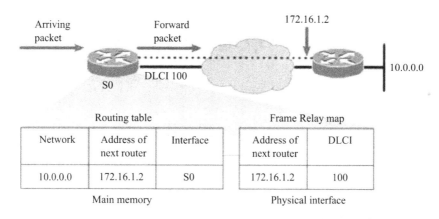

图 5-23　路由器在以太网和帧中继网之间转发数据的原理

路由器在这里查询帧中继地址映射表与在以太网查询 ARP 表的性质完全相同,都是为了获得封装报头所需要的链路层地址。

图 5-24 是一个完整的连接帧中继网的路由器配置的例子。该例中使用了 6 条路由器配置命令,具体作用如下:

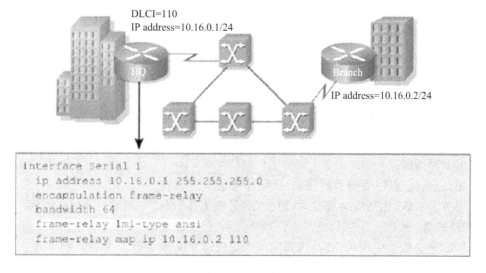

图 5-24　配置路由器

(1) 第一条命令声明后续 5 条是针对串口 S1 的配置命令。

(2) 第二条命令为 S1 端口配置 IP 地址。

(3) 第三条命令声明这个串口封装帧中继协议。

(4) 第四条命令确定 S1 端口的链路速率。

(5) 第五条命令通知路由器选择 ANSI 标准的 LMI 协议。

(6) 第六条命令填写帧中继地址映射表,把下一跳路由器的 IP 地址 10.16.0.2 与所租用的虚电路号 110 关联起来。

项 目 实 施

实训　DNS 服务器的安装与配置

一、实训目标

（1）掌握安装 DNS 服务器的方法。
（2）掌握 DNS 服务器的设置方法。

二、实训要求

（1）实训环境：装有 Windows Server 2008 的计算机一台。
（2）实训重点：DNS 服务器的组建、实现域名解析。

三、实训步骤

1. 实现 DNS 解析的安装

第一步：单击"开始"按钮，选择"控制面板"→"添加/删除程序"→"添加/删除 Windows 组件"。

第二步：在打开的"Windows 组件向导"对话框中双击打开"网络服务"组件。

第三步：在"网络服务"对话框中选择"域名系统（DNS）"子组件，单击"确定"按钮开始安装 DNS 服务。

第四步：经过 3～5 分钟的安装，DNS 服务便安装完成。

第五步：DNS 服务安装完成后，便会在"管理工具"窗口中显示一个快捷图标。

2. 例题

DNS 服务安装完成后，要在内部网络中提供 WWW 服务器 1、WWW 服务器 2、FTP 服务器的域名解析，如表 5-1 所示。

表 5-1　域名解析

域 名 名 称	域 名 地 址	IP 地 址
WWW 服务器 1	www.ylga.gov.cn	211.92.233.42
WWW 服务器 2	ylga.gov.cn	211.92.233.42
FTP 服务器	ftp.ylga.gov.cn	211.92.233.46

（1）新建正、反向搜索区域。

第一步：单击"开始"按钮，选择"控制面板"→"管理工具"→"DNS"，打开 DNS 控制台，如图 5-25(a) 所示。

第二步：在 DNS 控制台中，双击"FLYINGFOX"（本服务器名）将显示 DNS 服务的"正向搜索区域"、"反向搜索区域"，如图 5-25(b) 所示。

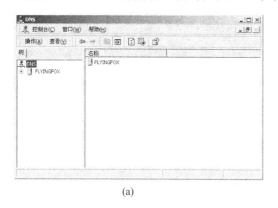
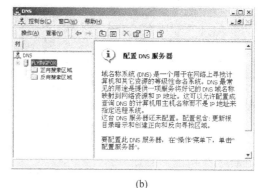

(a)　　　　　　　　　　　　　　　(b)

图 5-25　DNS 服务器管理界面

第三步：接下来建立一个名为 ylga.gov.cn 的正向搜索区域。在"正向搜索区域"上右击，在弹出的快捷菜单中选择"新建区域"命令，如图 5-26(a) 所示。

第四步：在系统弹出的"新建区域向导"对话框中，单击"下一步"按钮，继续后续的操作，如图 5-26 所示。

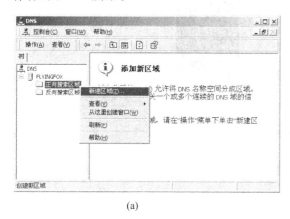
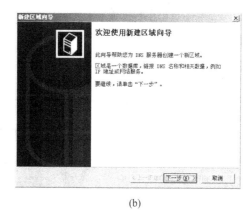

(a)　　　　　　　　　　　　　　　(b)

图 5-26　新建正向搜索区域及向导

第五步：选择"标准主要区域"单选按钮，单击"下一步"按钮，继续后续的操作，如图 5-27(a) 所示。

第六步：系统将要求为所创建的区域输入一个名称，输入"ylga.gov.cn"，单击"下一步"按钮，继续后续的操作，如图 5-27(b) 所示。

第七步：系统会默认选择"创建新文件，文件名为"单选按钮，并在其下面的文本框中自动输入"ylga.gov.cn.dns"[图 5-28(a)]，此时无须做任何更改，单击"下一步"按钮，继续后续的操作。

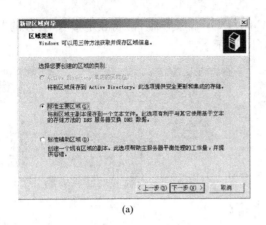
(a)

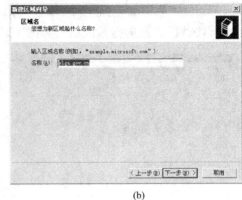
(b)

图 5-27 配置 DNS 区域名

第八步:单击"完成"按钮,新建正向搜索区域 ylga.gov.cn 便成功完成,如图 5-28(b)所示。此时在 DNS 控制台左边的"正向搜索区域"里便可以看到 ylga.gov.cn 区域,如图 5-28(c)所示。

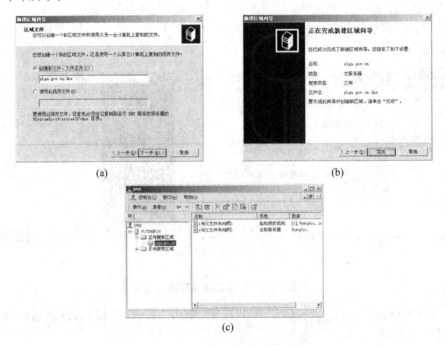

图 5-28 完成正向搜索区域配置

第九步:建立一个 ylga.gov.cn 的反向搜索区域。在"反向搜索区域"上右击,在弹出的快捷菜单中选择"新建区域"命令,如图 5-29(a)所示。

第十步:在系统弹出的"新建区域向导"对话框中,单击"下一步"按钮,继续后续的操作,如图 5-29(b)所示。

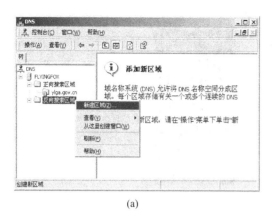
(a)

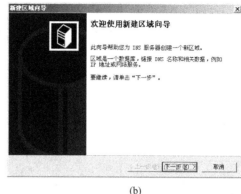
(b)

图 5-29　反向搜索区域配置

第十一步:选择"标准主要区域"单选按钮,单击"下一步"按钮,继续后续的操作,如图 5-30(a)所示。

第十二步:在"反向搜索区域"中有"网络 ID"、"反向搜索区域名称"两个选项。这里选择"网络 ID"单选按钮,然后在其下面的文本框中输入 ylga.gov.cn 域名对应的 C 类 IP 地址"211.92.233",单击"下一步"按钮,继续后续的操作,如图 5-30(b)所示。

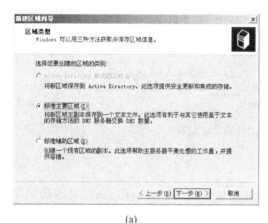
(a)

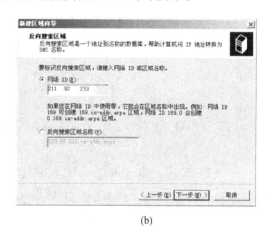
(b)

图 5-30　为反向搜索区域配置网络 ID

第十三步:在"区域文件"中会出现"创建新文件,文件名为"、"使用此现存文件"两个选项。这里选择默认的"创建新文件,文件名为"单选按钮,系统会自动生成所创建的反向区域文件名"233.92.211.in-addr.arpa.dns"。单击"下一步"按钮,继续后续的操作,如图 5-31(a)所示。

第十四步:单击"完成"按钮,新建反向搜索区域 233.92.211.in-addr.arpa.dns 便成功完成,如图 5-31(b)所示。在 DNS 控制台左边的"反向搜索区域"里可以看到新建的反向搜索区域 211.92.233.x Subnet,如图 5-31(c)所示。

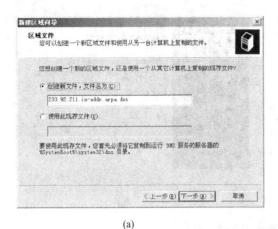
(a)
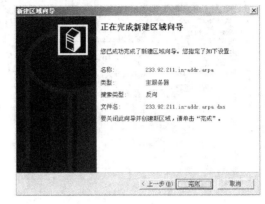
(b)

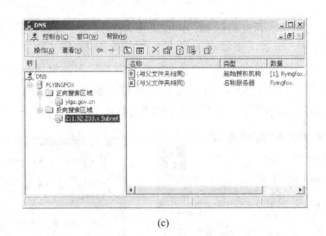
(c)

图 5-31　完成反向搜索区域配置

(2) 实现 www.ylga.gov.cn 域名解析。

第一步:新区域 ylga.gov.cn 创建完成后,在"ylga.gov.cn"上右击,在弹出的快捷菜单中选择"新建主机"命令,如图 5-32(a)所示。

第二步:在"新建主机"对话框中的"名称(如果为空则使用其父域名称)"文本框中输入主机名"www",在"IP 地址"文本框中输入 IP 地址"211.92.233.42",并选中"创建相关的指针(PTR)记录"复选框,然后单击"添加主机"按钮,如图 5-32(b)所示。

第三步:在系统弹出的对话框中,提示成功创建了主机地址记录 www.ylga.gov.cn,单击"确定"按钮返回 DNS 控制台,如图 5-32(c)所示。

第四步:在 DNS 控制台中,可发现 www 域名与绑定的主机正向搜索区域已被成功创建。接下来再配置该域名的反向搜索区域。

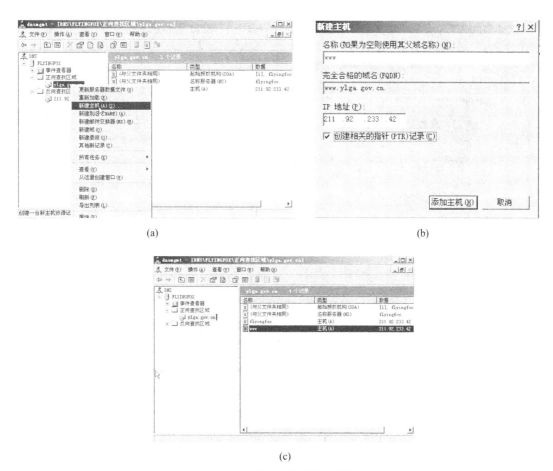

图 5-32 新建主机及其对话框

第五步:双击"反向搜索区域",在"211.92.233.x Subnet"上右击,在弹出的快捷菜单中选择"新建指针(PTR)"命令,如图 5-33(a)所示。

第六步:在"新建资源记录"对话框中的"指针(PTR)"选项卡中的"主机 IP 号"文本框中输入 www.ylga.gov.cn 域名所绑定的主机 IP 号,在"主机名"文本框中输入"www.ylga.gov.cn",或单击"浏览"按钮,选择 www 主机,如图 5-33(b)所示。然后单击"确定"按钮,返回 DNS 控制台,如图 5-33(c)所示。

第七步:在 DNS 控制台中,可发现 www.ylga.gov.cn 域名反向解析已成功被创建。

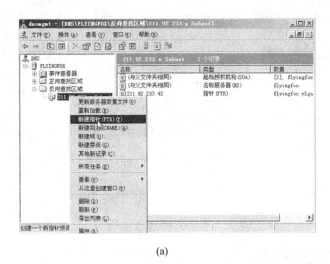
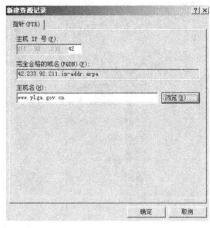

(a)　　　　　　　　　　　　　　　(b)

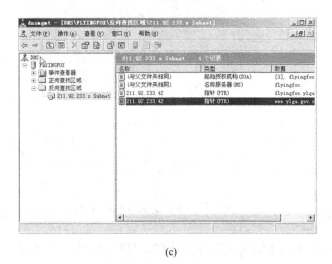

(c)

图 5-33　新建指针及其对话框

（3）实现 ylga.gov.cn 域名解析。

第一步：新区域 ylga.gov.cn 创建完成后，在"ylga.gov.cn"上右击，在弹出的快捷菜单中选择"新建别名"命令。

第二步：将"新建资源记录"对话框中的"别名"文本框置空，在"目标主机的完全合理的名称"文本框中输入"www.ylga.gov.cn"，然后单击"确定"按钮。

第三步：返回 DNS 控制台后，可发现 ylga.gov.cn 已被成功创建。接下来配置该域名的反向搜索区域。

第四步：双击"反向搜索区域"，在"211.92.233.x Subnet"上右击，在弹出的快捷菜单中选择"新建别名"命令。

第五步：将"新建资源记录"对话框中的"别名"文本框置空，在"目标主机的完全合格的名称"文本框中输入"ylga.gov.cn"，然后单击"确定"按钮，返回 DNS 控制台。

第六步：在 DNS 控制台中，可发现 ylga.gov.cn 域名反向解析已成功被创建。

（4）实现 ftp.ylga.gov.cn 域名解析。

第一步：新区域 ylga.gov.cn 创建完成后，在"ylga.gov.cn"上右击，在弹出的快捷菜单中选择"新建主机"命令。

第二步：在"新建主机"对话框中的"名称"文本框中输入"ftp"，在"IP 地址"文本框中输入要解析的主机 IP 地址"211.92.233.46"，并选中"创建相关的指针(PTR)记录"复选框，然后单击"添加主机"按钮，系统便会提示成功创建主机记录 ftp.ylga.gov.cn。

第三步：返回 DNS 控制台后，可发现 ftp.ylga.gov.cn 域名对应解析的主机 211.92.233.46 正向搜索区域已被成功创建。接下来配置该域名的反向搜索区域。

第四步：双击"反向搜索区域"，在"211.92.233.x Subnet"上右击，在弹出的快捷菜单中选择"新建指针"命令。

第五步：在"新建资源记录"对话框中的"指针(PTR)"选项卡中的"主机 IP 号"文本框中输入 ftp.ylga.gov.cn 域名所绑定的主机 IP 号，在"主机名"文本框中输入"ftp.ylga.gov.cn"，或单击"浏览"按钮，选择 ftp 主机，然后单击"确定"按钮，返回 DNS 控制台。

第六步：在 DNS 控制台中，可发现 ftp.ylga.gov.cn 域名反向解析已成功被创建。

（5）测试 DNS 解析。

DNS 解析完成后，就可以在 Windows 2000、Windows XP 或 Windows 2007 命令提示符窗口中，应用 ping 命令或域名服务器的专用测试命令 nslookup 测试 DNS 服务器的运行情况。这里以 Windows 2000 为例。

方法一：利用 ping 命令测试。

第一步：单击"开始"按钮，选择"运行"命令，在"运行"对话框中的"打开"下拉列表框中输入"cmd"，单击"确定"按钮，打开命令提示符程序，如图 5-34(a)所示。

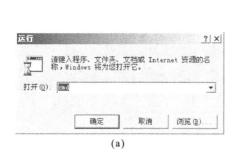 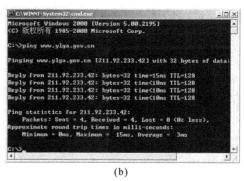

(a)　　　　　　　　　　　　(b)

图 5-34　使用 ping 命令测试 DNS 服务器

第二步：在命令提示符下输入要测试的域名，格式为 ping［域名］，并回车，如果域名解析成功，系统会给出域名所绑定的主机 IP 地址，如图 5-34(b)所示。

方法二：利用 nslookup 命令测试。

第一步：利用 nslookup 工具测试域名正方向的解析，即域名→IP 地址的解析。在 nslookup 命令下输入要测试的域名并回车即可，如图 5-35(a)所示。

第二步：利用 nslookup 工具测试域名反方向的解析，即 IP 地址→域名的解析。在 nslookup 命令下输入要测试的 IP 地址并回车即可，如图 5-35(b)所示。

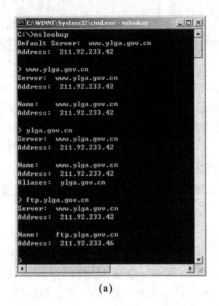
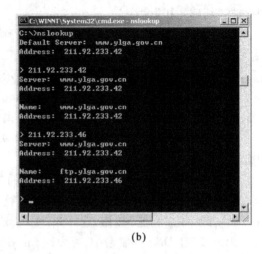

图 5-35 使用 nslookup 命令测试 DNS 服务器

四、实训总结

本实训通过实现安装、配置、管理和测试 DNS 服务器,介绍了 DNS 域名系统的基本概念、域名解析原理和模式。

五、实训作业

(1) 什么是 DNS 域名系统?域名的解析过程是怎样的?
(2) 如何配置 DNS 服务器?

项目六 局域网与广域网互联

 知识点、技能点

- 非对称数字用户线 ADSL。
- 电缆调制解调器 Cable Modem。

学习要求

- 掌握非对称数字用户线 ADSL 的相关知识。
- 掌握电缆调制解调器 Cable Modem 的相关知识。

 教学基础要求

- 能够应用互联网接入技术。

项 目 分 析

互联网接入是指将用户端计算机或局域网与 Internet 互联。互联网接入技术是目前网络技术研究和应用的热点,以非对称数字用户线 ADSL 和电缆调制解调器 Cable Modem 为代表的、利用已建网络的接入技术成为目前的主导技术。

一、非对称数字用户线 ADSL

ADSL 是非对称数字用户线(Asymmetric Digital Subscriber Line)的缩写,是在普通电话线上传输高速数字信号的技术,它是 DSL(Digital Subscriber Line 数字用户线路,以铜质电话线为传输介质的传输技术组合)技术的一种。ADSL 通过利用普通电话线 4kHz 以上频段,在不影响 3kHz 以下频段原有语音信号的基础上传输数据信号,扩展了电话线路的功能,是一种新的在传统电话电缆上同时传输电话业务与数据信号的技术。ADSL 可以在一条电话线上进行上行(从用户端至互联网)640kbps ~ 1Mbps 和下行(从互联网至用户端)1 ~ 8Mbps 速率的数据传输,传输距离可达到 3 ~ 5km 且不用中继放大。由于 ADSL 这种传输速度上非对称的特性及 Internet 访问数据流量非对称性的特点,因此它是众多的 xDSL 技术中最普及的、高速接入 Internet 的技术。

ADSL 的优势如下:

(1) 利用覆盖最广的电话网将主机或多台主机连接到 Internet。
(2) 获得远高于传统电话 Modem 的传输带宽。
(3) 数据通信时不影响语音通信。

1. ADSL 的体系结构

电话线铜缆理论上有接近 2MHz 的带宽,语音通信只使用了 0～4kHz 的低频段,ADSL 通过频分多路复用技术,把高速数据通信信号加载到电话线的 26kHz 以上频段。这样,在电话线路上可以完成语音、下行数据和上行数据三路信号的同时传输。图 6-1 为 ADSL 的体系结构。

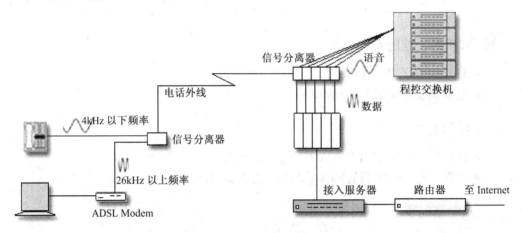

图 6-1　ADSL 的体系结构

在用户侧,电话线先接入信号分离器,经信号分离器将 4kHz 以下频率段的语音信号送电话机,26kHz 以上频率部分送 ADSL Modem。ADSL Modem 将信号解调成数字信号后,通过以太网连线,与计算机的网卡相连接。

交换局侧的信号分离器将语音信号分离出来后,送程控交换机原接线端,原电话号码保持不变。高频部分的数据信号送 ADSL Modem,同时各条 ADSL 线路传来的信号在 DSLAM 中进行复用,通过高速接口由主干网侧的路由器等设备转发到 Internet。

2. ADSL 的信道

ADSL 通过频分多路复用技术,在电话线路上划分出三个信道,分别传输语音、上行数据和下行数据。语音通信使用 0～4kHz 的低频段,是一个双向的信道。发向 Internet 的上行数据和来自 Internet 的下行数据,使用在 26kHz(～2MHz)以上频段设置的两个数据信道。ADSL 的信道如图 6-2 所示。

图 6-2　ADSL 的信道

3. ADSL 的主要设备

ADSL 技术的核心是信号分离器、ADSL Modem 和 DSLAM 这三个设备。

(1) 信号分离器(Spliter)。

信号分离器用于把低频语音信号与较高频率的上行数据信号合成到电话线上。同时,将电话线上的下行信号与语音信号分离开来,分别送往电话机和 ADSL Modem。

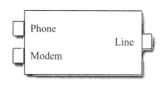

图 6-3 信号分离器

信号分离器(图 6-3)实际上是一个简单的由电感线圈和电容器组成的无源器件,由低通滤波器和高通滤波器组成。因此,信号分离器又叫滤波器。电话线上 0~4kHz 的语音信号由低通滤波器取出,送电话机。下行信号由高通滤波器取出,送 ADSL Modem。

(2) ADSL Modem。

数字信号要利用有限频带宽度的电缆传输,就需要使用 Modem 调制到正弦波上,再进行传输。在接收端,还需要 Modem 将正弦波表示的数字信号解调成为 0、1 变化的方波信号。ADSL Modem 不仅完成方波数字信号与正弦波信号之间的调制和解调任务,还需要考虑频分多路复用,把上、下行信号分配到 26kHz~2MHz 中的两个不同频段上。

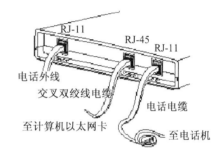

图 6-4 ADSL Modem 的连线

目前国内华为、速捷等厂家生产的 ADSL Modem 均内置信号分离器,因此 ADSL Modem 可以直接连接电话外线。这样的 ADSL Modem 提供 3 个端口,两个 RJ-11 端口分别接电话外线和电话机,RJ-45 端口经普通 UTP 电缆连接到计算机的以太网卡上,如图 6-4 所示。由于 ADSL Modem 的 RJ-45 端口也安排 1、2 脚为发送端,3、6 脚为接收端,所以 UTP 电缆的两端接线是交叉的,与 PC 对 PC 连接的交叉 UTP 电缆完全相同。

(3) DSLAM。

局端的 DSLAM 设备是由一组 ADSL Modem 构成的调制解调组,完成对信号调制解调的任务。DSLAM 设备中的 ADSL Modem 与用户端的 ADSL Modem 组成电话线路两侧互逆的调制解调器对,实现"数字信号—正弦波信号—数字信号"的转换工作。

4. ADSL 数据封装

ADSL 技术用于将用户数据包转发至 Internet 和将 Internet 数据包转送到用户计算机。ADSL 技术集中表现在用户计算机和电信运营商的接入服务器之间,在这之间的数据包使用的是一个全新的协议——PPPoE。

PPPoE 全称是 Point to Point Protocol over Ethernet,即基于以太网的点对点通信协议。PPPoE 是局域网 Ethernet 和 PPP 点对点拨号协议的合成,它把最经济的以太网技术和点对点协议的可扩展性及管理控制功能结合在一起,继承了以太网快速的特点和 PPP 协议拨号简单、具用户验证和 IP 分配的优势。通过 PPPoE,网络服务提供商和电信运营商便可利用可靠和熟悉的技术来加速推进高速互联网接入业务。

从图 6-5 可以看出,PPPoE 报头由三部分组成,包含了完整的以太网报头和 PPP 报头。因此,PPPoE 封装也可以看作是对 PPP 数据包做了进一步的封装。由于前 14 个字节是标准的以太网帧报头,PPPoE 数据包在以太网中传输的时候,以太网交换机、主机完全可以认为这就是一个标准的以太数据帧。

PPPoE 这样封装数据包就成功地使用了 MAC 地址作为链路层地址。在图 6-1 中的接入服务器与用户的主机之间靠 MAC 地址来互相识别,而不管它们的距离有多远。接收主机从以太网报头的第三个字段"上层协议类型"中的编码 0x8863 可以识别这是一个 PPPoE 封装的数据包。

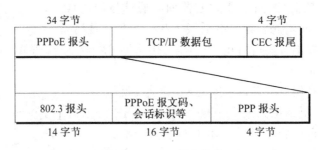

图 6-5　PPPoE 报文格式

5. ADSL 接入服务的连接建立

用户通过 ADSL 接入 Internet,首先要与电信运营商的接入服务器建立连接,这个工作分两步进行,即接入服务器发现、用户认证。

"接入服务器发现"阶段,用户通过发送 PPPoE 请求报文,在用户计算机和电信运营商的接入服务器之间建立起 PPPoE 的连接,然后在"用户认证"阶段,完全由 PPP 协议来进行用户认证工作。

在图 6-6 中前 4 个数据包交换属于"接入服务器发现"阶段。在这个阶段中用户主机发"PPPoE 发现请求"广播报文(PADI 包),寻找能够提供 ADSL 接入服务的服务器。接入服务器(一个或多个)收到广播后,若能提供接入服务,发"PPPoE 提供"报文(PADO 包)给用户主机,表明自己可以为用户提供接入服务。用户主机收到接入服务器的响应后,便发出"PPPoE 连接请求"报文(PADR 包),请求接入服务器提供 PPPoE 的连接。接入服务器收到"PPPoE 连接请求"后,通过"PPPoE 连接确认"报文(PADS 包),确认与用户计算机的 PPPoE 连接。这时,接入服务器会为这次与用户主机的连接分配一个会话标识号 Session ID,双方在这个连接上的数据包都要在 PPPoE 报头中使用这个标识号。

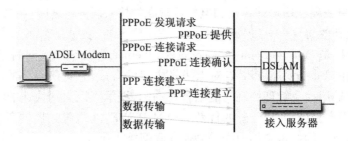

图 6-6　接入服务请求与应答的过程

经过上述两组 4 个 PPPoE 数据包的交换,用户主机便与接入服务器建立起 PPPoE 连接了。然后,双方进入 PPP 会话阶段。进入 PPP 会话阶段,并不代表接入服务器同意为用户提供 Internet 接入服务。需要使用 PPP 的用户认证成功后,接入服务器才会在双方建立的 PPP 连接上传输数据。在"接入服务器发现"阶段的 4 个数据包,其 PPPoE 报头中的报文码依次是:0x09、0x07、0x19、0x65。发现阶段结束,进入 PPP 会话阶段后,所有 PPPoE 报头中的报文码将被填写为 0x00。

6. PPPoE 协议软件

ADSL 接入技术使用 PPPoE 协议,PPPoE 协议是 1998 年后期由 Redback 网络公司、RouterWare 公司以及 Worldcom 的子公司 UUNET Technologies 公司在 IETF RFC 的基础上联合开发出来的。微软公司开发 Windows 98、Windows NT 和 Windows 2000 的时候,PPPoE 协议还没有问世。因此,在使用这些操作系统的计算机上,就需要另外安装 PPPoE 软件。目前最常用的、基于 Windows 操作系统的 PPPoE 软件有 EnterNet 300、WinPoET 和 RASPPPoE,它们都完全支持 Windows 98、Windows NT 和 Windows 2000。

(1) EnterNet 300:由 Efficient Networks 公司开发,是最流行的 PPPoE 驱动软件,中国电信等大的 ISP 都选择该软件提供给用户。它具有独立的 PPP 协议,可以不依赖操作系统,图 6-7 为 EnterNet 300 的拨号界面。

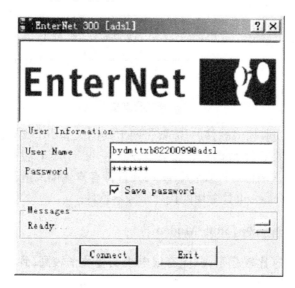

图 6-7 EnterNet 300 的拨号界面

(2) WinPoET:由 WindRiver 公司开发,该公司同时也是 PPPoE 协议的起草者之一。WinPoET 需要通过操作系统自身的 PPP 拨号协议来支持完成 PPPoE 的连接,它也是许多 ISP 首选的 PPPoE 软件。

(3) RASPPPoE:一个由个人开发的免费软件。它小巧精干,没有自己的界面和连接程序,只是一个协议驱动程序,完全依靠标准的拨号网络合作工作连接 ISP,在使用上它完全和老式 Modem 一样简单。它其实就是 EnterNet,使用上也完全一样,只是打上了 BELL 加拿大 ISP 部 Sympatico 的商标,并略微做了修改。

在开发 Windows XP 时 PPPoE 协议已经发布,因此 Window XP 已经套装了 PPPoE 软件,用户若使用该操作系统则不用另行安装。当然,ISP 也可能给用户提供其他的 PPPoE

软件。

7. 局域网的 ADSL 接入

图 6-8 所示为使用代理服务器通过 ADSL 将局域网接入到 Internet。代理服务器是一台普通的计算机,安装 Sygate 4.0 Office Network 软件,作为局域网中其他主机连接 Internet 的默认网关。作为接入代理的计算机需要安装两块网卡,一块连接 ADSL Modem,配置连接服务商提供的公开 IP 地址 193.125.22.96;另外一块网卡接入局域网中的以太网交换机(或 Hub),配置内部 IP 地址 26.12.50.1。

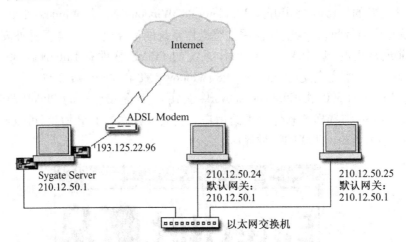

图 6-8 通过代理接入 Internet

客户端不需要安装任何软件,只需要将网卡的网关和 DNS 设置为代理服务器上面向局域网的那块网卡的 IP 地址即可。如果服务器打开了 DHCP 服务,则客户端可设置本机 IP 为自动获取。客户端也可以安装 Sygate,并选择客户端模式进行安装,由 Sygate 自动配置。除了 Sygate,Wingate 也是常用的代理服务器软件。

二、电缆调制解调器 Cable Modem

与其他发达国家比较起来,我国有线电视的普及率较高,到 2003 年用户已经接近 1 亿,我国已经拥有世界第一大有线电视网,将其用于 Internet 的宽带接入具有广泛的应用前景。

Cable Modem 是一种可以通过有线电视网络进行高速数据接入的技术。有线电视使用的同轴电缆通常具有 550MHz 的频响特性,一些新建小区的电视电缆达到了 700MHz,甚至 900MHz,远远超过电话电缆 2kHz 的频带宽度,因此非常适合传输数据。

在 Internet 接入中,Cable Modem 技术提供双向的高速数据传输且不影响电视节目的传送。Cable Modem 技术的下行传输速率可达 30Mbps,上行传输速率为 512kbps 或 2.048Mbps。用 ISDN 需要花 2 分钟从 Internet 下载的数据,使用 Cable Modem 只需要 2 秒钟就可以完成下载。

1. Cable Modem 的体系结构

Cable Modem 是一种可以通过有线电视网络进行高速数据接入的装置,它一般有两个接口,一个用来接室内墙上的有线电视端口,另一个与计算机相连。Cable Modem 不仅具有调制解调功能,还具有电视接收调谐、加密解密和协议适配等功能。Cable Modem 甚至还可以将路由器、网络控制器或集线器集成在同一个设备中。

Cable Modem 要在两个不同的方向上接收和发送数据,把上、下行数字信号用不同的调制方式调制在双向传输的 6MHz(或 8MHz)带宽的电视频道上。标准有线电视电缆带宽为 750M,每个普通频道使用 8M 带宽。在 Cable Modem 传输模式下,可以占用其中的一个或多个频道传输数据信号。Cable Modem 把上行的数字信号转换成模拟射频信号,类似电视信号,使其能在有线电视网上传送。接收下行信号时,Cable Modem 把它转换为数字信号,以便计算机处理。

图 6-9 为 Cable Modem 的体系结构。

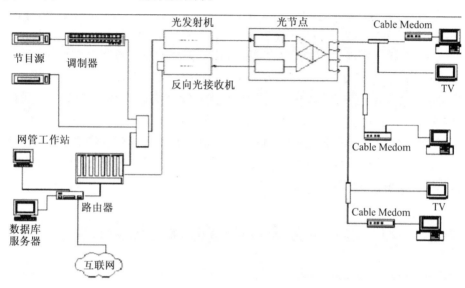

图 6-9 Cable Modem 的体系结构

在有线电视前端,Cable Modem 终端系统 CMTS 接收来自 Internet 的下行数据,转换成模拟射频信号后,与电视节目信号混合,通过光发射机、光缆、光节点机、电视电缆,传送到用户的 Cable Modem。来自用户的上行数据,在用户小区的前端被滤波器件从电视电缆中取出,通过光节点机、光缆、反向光接收机,送到 Cable Modem 终端系统 CMTS,解调后送入 Internet。

Cable Modem 的传输速度一般为 3 ~ 50Mbps,距离可达 100km 甚至更远。Cable Modem 终端系统(CMTS)能和所有的 Cable Modem 通信,但是 Cable Modem 只能和 CMTS 通信。如果两个 Cable Modem 需要通信,那么必须由 CMTS 转播信息。

2. Cable Modem 的传输模式

Cable Modem 的传输模式分为对称式传输和非对称式传输。

(1) 对称式传输。

所谓对称式传输是指上/下行信号各占用一个普通频道 8MHz 带宽,上/下行信号可能采用不同的调制方法,但用相同传输速率(2 ~ 10Mbps)的传输模式。在有线电视网里利用5~30(42)MHz作为上行频带,对应的回传最多可利用3个标准8MHz频带:500~550MHz传输模拟电视信号;550~650MHz传输VOD(视频点播)信号;650~750MHz传输数据信号。利用对称式传输,开通一个上行频道(中心频率26MHz)和一个下行频道(中心频率251MHz),上行的26MHz信号经双向滤波器检出,输入变频器,变频器解析出上行信号的中频(36~44MHz)再调制为下行的251MHz,构成一个逻辑环路,从而实现了有线电视网双向交互的物理链路。

(2) 非对称式传输。

由于用户对Internet发出请求的信息量远远小于从网上下载数据的下行量,上行通道的需求远远小于下行通道。如果Cable Modem也采用非对称式的传输,既能满足客户的要求,又能解决上行信号噪声的问题。

频分复用、时分复用的配合加上新的调制方法,使每8MHz带宽下行速率可达30Mbps,上行传输速率为512kbps或2.048Mbps。很明显,非对称式传输最大的优势在于提高了下行速率,并极大地满足了客户Internet接入的需求。相对应的非对称式传输的前端设备较为复杂,它不仅有对称式应用中的数字交换设备,还必须有一个线缆路由器(Cable Router),才能满足网络交换的需要。对称式传输中执行的IEEE 802.4令牌网协议在同一链路用户较少时还能达到设计速率,当用户达到一定数量时,其速率迅速下降,不能满足客户多媒体应用的需求。此时,相比对称式传输,非对称式传输就可以提供更多的应用,如电话、高速数据传输、视频广播、交互式服务和娱乐等,它能最大限度地利用可分离频谱,按客户需要提供带宽。

项目实施

实训 | Internet 的入网方式

一、实训目标

(1) 初步掌握通过路由器接入Internet的方法。
(2) 掌握调制解调器(Modem)的设置和使用方法。
(3) 学习和掌握个人用户通过电话线接入Internet的方法。
(4) 掌握网络地址的概念及IP与DNS的设置方法。

二、实训要求

(1) 到学校网络中心,了解单位接入Internet的情况。
(2) 根据虚拟场景,设计出路由器接入Internet的方案。
(3) 学习家庭中通过Modem接入Internet的设置方法。
(4) 学习设置网络属性的方法。

三、实训步骤

首先需要确认自己的宽带接入方式,最简捷的办法就是向 ISP(互联网服务提供商)咨询,也可以通过网络连接方式进行快速判断。

常见的硬件连接方式有下面几种:

(1)电话线→ADSL Modem→PC。

(2)双绞线(以太网线)→PC。

(3)有线电视(同轴电缆)→Cable Modem→PC。

(4)光纤→光电转换器→代理服务器→PC。

常用的连接认证方式有如下几种:

(1)ADSL/VDSL PPPoE:计算机上运行第三方拨号软件如 Enternet 300 或 Windows XP 系统自带的拨号程序,填入 ISP 提供的账号和密码即可,每次上网前先要拨号。或者 ADSL Modem 已启用路由功能,填入 ISP 提供的账号和密码即可,拨号由 Modem 去做,如"网络快车"。

(2)静态 IP:ISP 提供固定的 IP 地址、子网掩码、默认网关、DNS。

(3)动态 IP:计算机的 TCP/IP 属性设置为"自动获取 IP 地址",每次启动计算机即可上网(如"天威视讯")。

(4)802.1X + 静态 IP:ISP 提供固定的 IP 地址、专用拨号软件、账号和密码。

(5)802.1X + 动态 IP:ISP 提供专用拨号软件、账号和密码。

(6)Web 认证:每次上网之前打开浏览器,在 ISP 指定的主页填入 ISP 提供的用户名、密码,通过认证以后才可以进行其他上网操作。

上面提到的这些连接认证方式只是使用得比较多的一些宽带接入方式,当然还有其他的拓扑连接以及认证方式。当不能肯定自己的宽带连接方式的时候,最好向 ISP 咨询:自己装的宽带 IP 地址是静态的还是动态的?认证使用的协议是 PPPoE 还是 802.1X,或是 Web 认证?当上面的两个问题有了答案,就可以对宽带接入 Internet 进行配置了。

Internet 入网方式有如下几种:

(1)通过路由器入网。

① 路由器的安装。

② 路由器的连接。

(2)通过电话拨号方式入网。

① Modem 的安装。

② 参数设置。

③ Windows 系统下 Modem 的参数设置。

a. 配置拨号网络。

b. 为新连接指定属性。

(3)利用 ADSL(网络快车)上网。

① ADSL 的硬件安装。

② ADSL 的软件安装。

以下以利用 ADSL 上网为例,介绍相关硬件和软件的安装方法。

1. 准备硬件设备

第一步:准备一块 10Mbps 或 100Mbps 速率的普通网卡(图 6-10)。

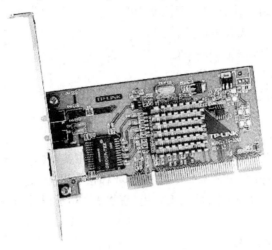

注:现在的主板上都已经集成了网卡接口。

图 6-10　网卡

第二步:准备一个 ADSL Modem,ADSL 专用的调制解调器分为内置和外置两种,安装 ADSL 的时候统一由电信局提供。

第三步:准备一个话音分离器,用于把电话线里面的 ADSL 网络信号和普通电话语音信号分离。外置 ADSL Modem 一般都附带独立的话音分离器,内置 ADSL Modem 一般都把分离器集成在内置卡里。

第四步:准备一条 RJ-45 网线、一条 RJ-11 电话线。

2. ADSL 线路安装

第一步:将 ADSL 和电话线分离。如图 6-11 所示,将加载了 ADSL 信号的电话线接入话音分离器,从话音分离器中分离出两条不同接口的线路:(RJ-11)电话接口线、(RJ-45)Modem 接口线。将电话接口线与电话连接,电话可以独立使用;将 Modem 接口线与 ADSL Modem 连通,再用另一条网线把 ADSL Modem 与计算机的网卡之间连通(对于内置的 ADSL Modem,直接把 ADSL 电话线插到卡后面的插孔即可)。

第二步:安装网卡驱动程序。对于独立的网卡,需要安装驱动程序;对于板载的网卡,直接在主板的驱动上查找其驱动程序。

第三步:安装虚拟拨号软件。目前 ADSL 的接入方式有专线入网方式和虚拟拨号入网方式。专线入网方式(即静态 IP 方式)由电信公司给用户分配固定的静态 IP 地址;虚拟拨号入网方式(即 PPPoE 拨号方式)并非拨电话号码,费用也与电话服务无关,而是用户输入账号、密码,通过身份验证获得一个动态的 IP 地址,用户需要在计算机里加装一个 PPPoE 拨号客户端的软件。

注:Windows XP 已经集成了对 PPPoE 协议的支持,因此在 Windows XP 中,ADSL 用户不需要安装任何 PPPoE 拨号软件,直接使用 Windows XP 的连接向导就可以建立自己的

ADSL 虚拟拨号连接。

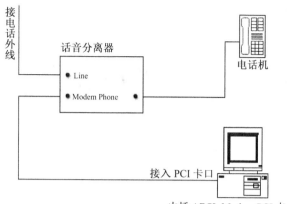

注:如果家里电话安装分机,一定要在分离器后接出的电话专用线上做分线,如果在分离器前面接分机,在使用 ADSL 上网时接听电话,ADSL 就会断线。

图 6-11　线路分配拓扑图

四、实训结论

ADSL 是目前家庭中应用最广泛的 Internet 接入方式之一。ADSL 采用原有普通电话线传输,并且由 ISP 提供接入设备。

使用 ADSL 上网,硬件方面,需设计出客户端的物理线路连接,安装 ADSL Modem 以及网卡;软件方面,需安装网卡驱动程序、ADSL 拨号软件以及对拨号软件进行设置。

五、实训作业

(1) 使用 Modem 联网,除了所需要的硬件设备外,还需要相应的软件。如何设置这些软件,设置时应注意什么问题?

(2) 使用 ADSL 上网,在 Windows 98、Windows 2000、Windows XP 中的设置有哪些不同?

(3) 思考题。

① 设计局域网通过路由器接入 Internet,应注意哪些问题?

② 用 Modem 和电话线上网一定要使用动态 IP 地址吗?为什么?

③ 试比较用 Modem 和 ADSL 上网有何不同?

网络安全

  知识点、技能点

- ➢ SNMP 管理协议。
- ➢ 防火墙。

  学习要求

- ➢ 掌握防火墙技术。

  教学基础要求

- ➢ 能够应用网络管理技术和网络安全技术进行网络管理。

项 目 分 析

网络管理需要完成的主要任务是监视网络设备的运转、判断网络运行的质量、进行故障诊断与排除以及重新配置网络设备。一个高效率工作的网络离不开有效的网络管理，网络管理是重要的网络技术之一。

在进行网络管理的同时，还需要使用专门的技术来保障网络安全，以防止对网络的恶意攻击导致数据信息泄露。

本章将针对上述任务介绍较常用的网络管理技术和网络安全技术。

一、SNMP 管理协议

最早的简单网络管理协议 SNMP（Simple Network Management Protocol）发布于 1988 年，SNMP 协议提出了对网络实施监控管理的技术方案。几乎所有大型网络厂商（如 Cisco、3COM、HP、IBM、Sun、Prime、联想、实达等公司）都在自己的网络设备中安装了 SNMP 部件，支持 SNMP 协议。

SNMP 协议在功能上规定要从一个或多个网管工作站上远程监控网络的运行参数和设备，包括网络拓扑结构、设备端口流量、错包和错包数量情况、丢包和丢包数量情况、设备和端口的连接状态、VLAN 划分情况、帧中继和 ATM 网络情况、服务器 CPU、内存、磁盘、IPC、进程、网络使用情况、服务器日志情况、应用响应情况、SAN 网络情况等。

SNMP 协议还实现了设备和端口的关闭、划分 VLAN 等远程设置的功能。

图 7-1 所示是 SNMP 的体系结构。SNMP 的管理模型包括四个关键元素:网管工作站、SNMP 代理、管理信息库 MIB 和 SNMP 通信协议。

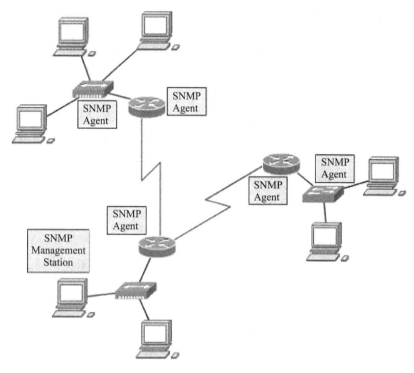

图 7-1　SNMP 的体系结构

SNMP 协议规定整个系统必须有一个网管工作站,通过网络设备中的 SNMP 代理程序,将网络设备中的设备类型、端口配置、通信状况等信息定时传送给网管工作站,再由网管工作站以图形和报表的方式描绘出来。

1. SNMP 网管工作站

SNMP 网管工作站是网络管理员与网络管理系统的接口,它实际上是一台运行特殊管理软件(如 HP NetView、CiscoWorks 等)的计算机。SNMP 网管工作站运行一个或多个管理进程,它通过 SNMP 协议在网络上与网络设备中的 SNMP 代理程序通信,发送命令并接收代理的应答。网管工作站通过获取网络设备中需要监控的参数值来实现网络资源监视,也可以通过修改设备配置的值来使 SNMP 代理修改网络设备上的配置。许多 SNMP 网管工作站的应用进程都具有图形用户界面,提供数据分析、故障发现的功能,网络管理者能方便地检查网络状态并在需要时采取行动。

2. SNMP 代理

网络中的主机、路由器、网桥和交换机等都可配置 SNMP 代理程序,以便 SNMP 网管工作站对它进行监控或管理。每个设备中的代理程序负责搜集本地的参数(如设备端口流量、错包和错包数量情况、丢包和丢包数量情况等)。SNMP 网管工作站通过轮询广播,向各个设备中的 SNMP 代理程序索取这些被监控的参数。SNMP 代理程序对来自 SNMP

网管工作站的信息查询和修改设备配置的请求做出响应。

SNMP 代理程序同时还可以异步地向 SNMP 网管工作站主动提供一些重要的非请求信息,而不等轮询的到来。这种被称为 Trap 的方式,能够及时地将诸如网络端口失效、丢包数量超过警戒阀值等紧急信息报告给 SNMP 网管工作站。

SNMP 网管工作站可以访问多个设备的 SNMP 代理,接收来自多个代理的 Trap。因此,从操作和控制的角度看,网管工作站"管理"着许多代理。同时,SNMP 代理程序也能对多个网管工作站的轮询请求做出响应,形成一种一对多的关系。

3. 管理信息库 MIB

MIB 是一个信息存储库,安装在网管工作站上。它存储了从各个网络设备的代理程序那里搜集的有关配置、性能和运行参数等的数据,是网络监控与管理的基础。MIB 数据库中存储哪些参数以及数据库结构的定义在[RFC1212]、[RFC1213]这样的文件中都有详细的说明。其中[RFC1213]是 1991 年制定的新的版本,增添了许多 TCP/IP 方面的参数。

4. SNMP 通信协议

SNMP 通信协议规定了网管工作站与设备中的 SNMP 代理程序之间的通信格式,网管工作站与设备中的 SNMP 代理程序之间通过 SNMP 报文的形式来交换信息。

SNMP 协议的通信分为读操作 Get、写操作 Set 和报告操作 Trap 三种功能共五种报文,如表 7-1 所示。

表 7-1 SNMP 协议报文

SNMP 报文 类型编号	SNMP 报文名称	用　途
0	Get-request	网管工作站发出的轮询请求
1	Get-next-request	网管工作站发出的轮询请求
2	Get-response	SNMP 代理程序向网管工作站传送的配置参数和运行参数
3	Set-request	网管工作站向设备发出的设置命令
4	Trap	设备中的 SNMP 代理程序向网管工作站报告紧急事件

如图 7-2 所示,网管工作站在轮询时,使用 Get-request 和 Get-next-request 报文请求 SNMP 代理程序报告设备的配置参数和运行参数,SNMP 代理程序使用 Get-response 包向网管工作站传送这些参数。当出现紧急情况时,设备中的 SNMP 代理程序使用 Trap 包向网管工作站报告紧急事件。

SNMP 协议使用周期性(如每 10 分钟)的轮询以维持对网络的实时监控,同时也使用 Trap 包来报告紧急事件,使 SNMP 协议成为一种有效的网络管理协议。

网络设备中的代理程序为了识别真实的网管工作站,避免伪装的或未授权的数据索取,使用了"共同体"的概念。从真实网管工作站发往代理的报文都必须包含共同体名,它起着口令的作用。只要 SNMP 请求报文的发送方知道口令,该报文就被认为是可信的。不过,这也并不是很安全的方式。所以,很多网络管理员仅仅提供网络监视的功能(get 和

trap 操作),屏蔽掉了网络控制功能(set 操作)。

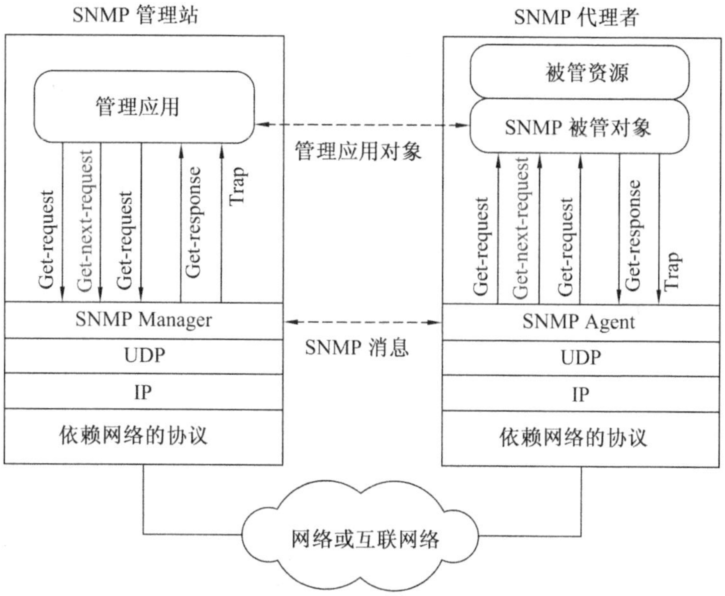

图 7-2　SNMP 的 5 种通信包

二、网络防火墙

当一个机构将其内部网络与 Internet 连接之后,所关心的主要问题就是安全。内部网络上不断增加的用户需要访问 Internet,使用如 WWW、E-mail、Telnet 及 FTP 等各种服务。当机构的内部数据和网络设施暴露在 Internet 上的时候,网络管理员越来越关心网络的安全。事实上,对一个内部网络已经连接到 Internet 上的机构来说,重要的问题并不是网络是否会受到攻击,而是何时会受到攻击。为了提供所需级别的保护,机构需要有安全策略来防止非法用户访问内部网络上的资源和内部人员非法向外传递内部信息。即使一个机构没有连接到 Internet 上,它也需要建立内部的安全策略来管理用户对部分网络的访问并对敏感或秘密数据提供保护。

1. 什么是防火墙

防火墙是用于屏蔽、阻拦数据包,只允许授权的数据包通过,以保护网络安全性的系统。

防火墙上可以很方便地监视网络的安全性,并产生报警。防火墙负责管理外部网络和机构内部网络之间的访问。没有防火墙时,内部网络上的每个节点都暴露给 Internet 上的其他主机,极易受到攻击。这就意味着内部网络的安全性由每一个主机的安全程度来决定,网络的安全性实际上等同于网络中安全性最弱主机的安全性。

防火墙允许网络管理员定义一个中心"扼制点"来防止非法用户,如黑客、网络破坏者等进入内部网络;禁止存在安全脆弱性的服务进出网络,并抗击来自各种路线的攻击。防火墙的安装能够简化安全管理,网络安全性在防火墙系统上得以加强,而不是分布在内部网络的所有主机上。

网络管理员必须审计并记录所有通过防火墙的重要信息。如果网络管理员不能及时响应报警并审查常规记录,防火墙就形同虚设。在这种情况下,网络管理员永远不会知道防火墙是否受到攻击。要使一个防火墙有效,所有来自和去往 Internet 的信息都必须经过防火墙,接受防火墙的检查,防火墙必须只允许授权的数据通过,防火墙本身必须能够免于渗透。

2. 防火墙的类型

(1) 包过滤防火墙。

如图 7-3 所示,在路由器中建立访问控制列表,让路由器识别哪些数据包是允许穿越路由器的,哪些是需要阻截的。

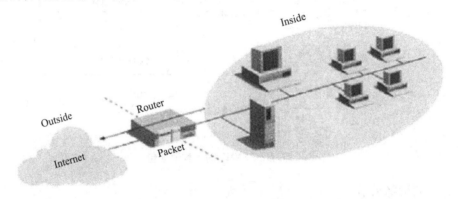

图 7-3 包过滤防火墙

包过滤防火墙的核心是访问控制列表的配置文件,由网络管理员在路由器中建立。包过滤路由器根据访问控制列表审查每个数据包的报头,来决定该数据包是被拒绝还是被转发。报头信息中包括 IP 源地址、IP 目标地址、协议类型(如 TCP、UDP、ICMP 等)、TCP 端口号等。

(2) 代理服务器。

这种防火墙方案要求所有内网的主机使用代理服务器与外网的主机通信。代理服务器像墙一样挡在内部用户和外部主机之间,从外部只能看见代理服务器,而看不到内部主机。外界的渗透要从代理服务器开始,因此增加了攻击内网主机的难度。

(3) 攻击探测防火墙。

这种防火墙通过分析进入内网的数据包报头和报文中的攻击特征来识别需要拦截的数据包,以对付 SYN Flood、IP spoofing 这样的已知的网络攻击。攻击探测防火墙可以安装在代理服务器上,也可以做成独立的设备,串接在与外网连接的链路上,安装在边界路由器的后面。

项目实施

实训　Internet 安全技术

一、实训目标

（1）了解路由器安全设置的必要性。
（2）掌握路由器过滤规则的基本设置方法。
（3）掌握路由器防火墙设置的方法。

二、实训要求

（1）实训环境：计算机若干台、TP-Link TL-R 系列宽带路由器一台、交换机一台、直通网线若干条。
（2）实训要求。
① 防火墙设置。
② IP 地址过滤设置。

三、实训步骤

我们知道，通过路由器的设置，可以实现多机共享上网。若要对内部局域网中的计算机设置不同的权限，比如只允许登录某些网站、只能收发 E-mail 等，有些可通过路由器实现，有些则无法通过路由器实现，比如"IP 地址和网卡地址绑定"功能是无法通过路由器实现的。

上网时计算机不断发送请求数据包，这些请求数据包必然包含一些参数，如源 IP、目的 IP、源端口、目的端口等，路由器正是通过对这些参数进行限制，来实现使内部局域网中的计算机具有不同的上网权限的。

下面将用具有代表性的配置举例说明路由器"防火墙设置"、"IP 地址过滤"等功能是怎样使用的。图中的解释可帮助读者尽可能理解各个功能参数的含义，只有理解了参数的含义，才能随心所欲地配置过滤规则，迅速实现预期的目的，而不会因为配置错误导致不能使用这些功能，也不会因为由于得不到及时的技术支持而耽误使用。

1. 防火墙设置

图 7-4 所示是"防火墙设置"页面，可以看到这是一个总开关的设置页面，不使用的功能不要勾选。

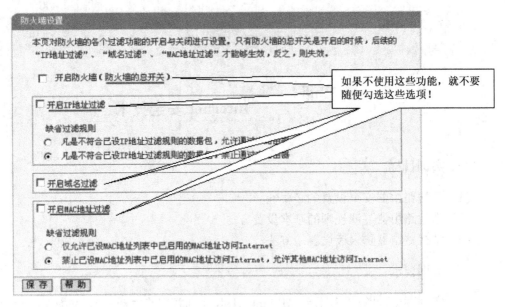

图 7-4 "防火墙设置"页面

在图 7-4 中显示了两条缺省过滤规则,缺省过滤规则提供了对不符合特定规则的数据包的处理办法。即一个数据包,要么符合我们设定的规则,若不符合我们设定的规则就应符合缺省规则。

2．IP 地址过滤

图 7-5 为"IP 地址过滤"设置页面,我们可以看到缺省的过滤规则,也可以添加新条目。图 7-6 为添加新条目页面。

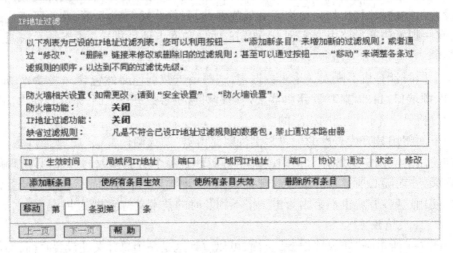

图 7-5 "IP 地址过滤"设置页面

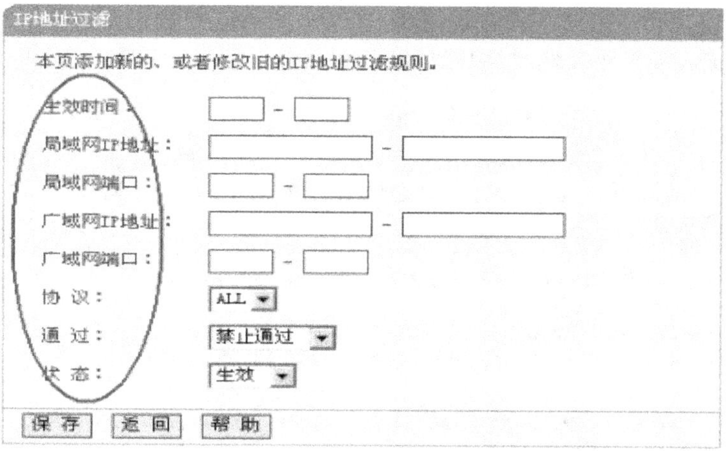

图 7-6 添加新条目页面

这里配置一条规则:限制内部局域网中的一台计算机(IP 地址 192.168.1.10),只让它登录 www.tp-link.com.cn 这个网站,别的任何操作都不允许。

上面这条规则可以解读为:内网计算机往公网发送数据包,数据包的源 IP 地址限制为 192.168.1.10,数据包目的 IP 地址为 202.96.137.26,也就是 www.tp-link.com.cn 这个域名对应的公网 IP 地址,因为广域网请求是针对网站的限制,所以端口号是 80。规则设置好后页面如图 7-7 所示。

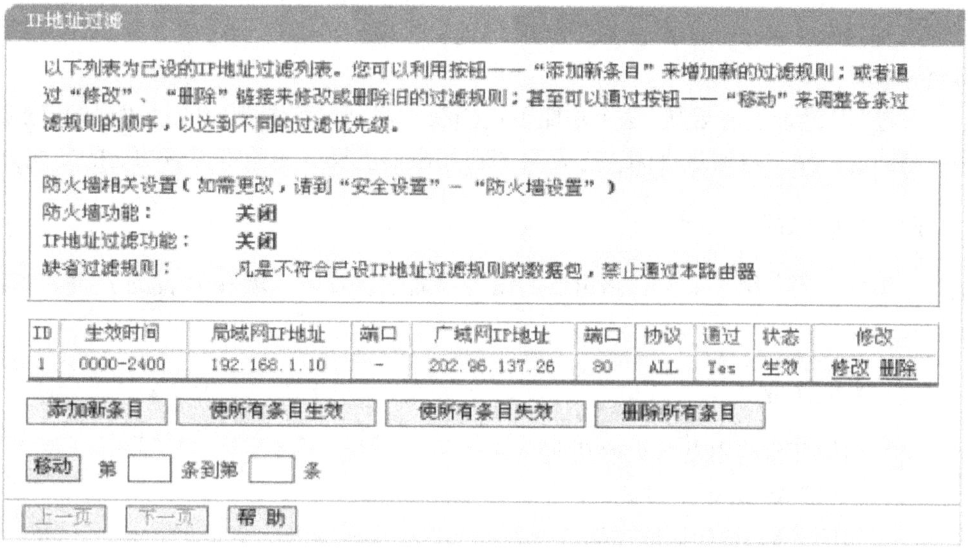

图 7-7 "IP 地址过滤"规则设置页面

可以在配置好的规则页面清晰地看到,规则生效时间是 24 小时;控制的对象是 IP 地址为 192.168.1.10 的这台主机;局域网后面的端口默认不要填;广域网 IP 地址栏填入的是 www.tp-link.com.cn 对应的公网 IP 地址;因为是针对网站的限制所以端口号填 80;协议一般默认选择 ALL 就行了;因为缺省规则禁止不符合设定规则的数据包通过路由器,所以符合设定规则的数据包允许通过,即通过为 Yes;规则状态为生效。

图 7-8 所示为新加了第二条规则的页面。

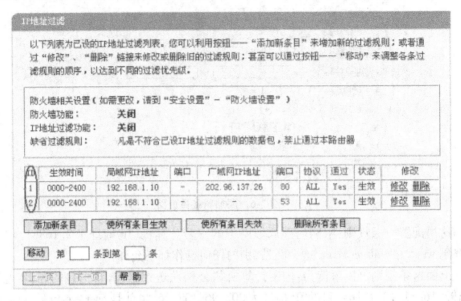

图 7-8　新加了第二条规则的页面

如果规则中涉及对网站的限制,也就是目的请求端口是 80,则应该考虑将 53 这个端口对应的数据包也允许通过,因为端口 53 对应的是去往"域名解析服务器"的数据包,用于将域名(如 www.tp-link.com.cn)和 IP 地址(如 202.96.137.26)相对应,所以必须设置为允许通过。

通过"IP 地址过滤规则"这个功能可选择缺省规则并配置相应的过滤规则,以实现某些控制功能。用户可通过查阅参考资料和在路由器上反复实验掌握该功能的使用方法。

四、实训总结

本实训主要介绍了如何在路由器的设置界面中设置防火墙和 IP 地址过滤,以提高网络的安全性。

五、实训作业

(1) 如何开启路由器防火墙功能?
(2) 如何设置 IP 地址过滤?
(3) 如何设置 MAC 地址过滤?

下面我们通过如图 7-9 所示的实例来介绍如何建立一个包过滤路由器防火墙。

在图 7-9 所示的网络中,我们如果需要实现:只允许 172.16.3.0

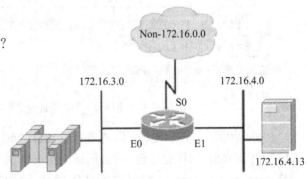

图 7-9　包过滤路由器防火墙的建立

网络访问172.16.4.0网络,但是172.16.4.13服务器只允许172.16.4.0内网中的主机访问,不允许172.16.3.0网络中的主机访问。我们可以用下面的命令来建立一个访问控制列表:

  (config)# access-list 101 deny ip any 172.16.4.13　0.0.0.0

  (config)# access-list 101 permit ip 172.16.3.0　0.0.0.255　172.16.4.0　0.0.0.255

  (config)# access-list 101 deny ip any any

  (config)# interface e1

  (config-if)# ip access-group 101

  (config-if)# exit

  (config)#

上面共有六条命令,前三条命令建立了一个编号为101的访问控制列表,第四条命令进入到路由器的e1端口,第五条命令把第101号访问控制列表捆绑到e1端口。

前三条命令所建立的访问控制列表中创建了三条语句。第一条命令拒绝所有主机发往172.16.4.13服务器的IP数据包。其中:

access-list:创建访问控制列表语句的命令。

deny:拒绝满足后面条件的数据包。

ip:本语句针对IP数据包。

any:所有源主机。

172.16.4.13:目标主机。

0.0.0.0:数据包中的目标IP地址只有与172.16.4.13完全相同,条件才算成立。

第二条命令允许172.16.3.0网络的所有主机发往172.16.4.0网络的IP数据包通过。其中:

access-list:创建访问控制列表语句的命令。

permit:允许满足后面条件的数据包通过。

ip:本语句针对IP数据包。

172.16.3.0:源主机。

0.0.0.255:表示数据包中的源IP地址高三个字节与172.16.3.0相同,条件才算成立。最低的字节不需要考虑。

172.16.4.0:目标主机。

0.0.0.255:表示数据包中的目标IP地址高三个字节与172.16.4.0相同,条件才算成立。最低的字节不需要考虑。

通过上面的例子可以看出,包过滤路由器对所接收的每个数据包做允许或拒绝的决定。路由器审查每个数据包以便确定其是否与某一条访问控制列表中的包过滤规则匹配。过滤规则提供IP转发过程中的报头信息,报头信息中包括源IP地址、目标IP地址、TCP/UDP目标端口、ICMP消息类型。如果数据包的进入接口和出接口得以匹配并且规则允许该数据包,那么该数据包就会按照路由表中的信息被转发。如果接口匹配但规则拒绝该数据包,那么该数据包就会被丢弃。如果没有在访问控制列表中找到条件匹配的某条语句,这个数据包也会被丢弃。

包过滤路由器主要有如下优点：

（1）多数已部署的防火墙系统使用了包过滤路由器，因为访问控制列表的功能在标准的路由器软件中已经免费，所以除了花费时间去规划过滤器和配置路由器之外，实现包过滤几乎不需要额外的费用。

（2）由于 Internet 访问一般都是在 WAN 接口上提供的，因此在流量适中并定义较少过滤器时对路由器的速度性能几乎没有影响。

（3）包过滤路由器对用户和应用来讲是透明的，所以不必对用户进行特殊的培训和在每台主机上安装特定的软件。

包过滤路由器主要有如下缺点：

（1）定义数据包过滤器会比较复杂，这需要网络管理员对各种 Internet 服务、报头格式以及每个域的意义有非常深入的理解。如果必须支持非常复杂的过滤，过滤规则集合会非常大且复杂，因而难于管理和理解。

（2）在路由器上进行规则配置之后，几乎没有什么工具可以用来审核过滤规则的正确性。

任何直接经过路由器的数据包都有被用作数据驱动式攻击的潜在危险。我们知道数据驱动式攻击从表面上来看是由路由器转发到内部主机上没有害处的数据，但该数据包括了一些隐藏的指令，能够让主机修改访问控制和与安全有关的文件，使得入侵者能够获得对系统的访问权。

一般来说，随着过滤器数目的增加，路由器的吞吐量会下降。可以对路由器进行这样的优化：抽取每个数据包的目的 IP 地址，进行简单的路由表查询，然后将数据包转发到正确的接口上传输。如果打开过滤功能，路由器不仅必须对每个数据包做出是否转发的决定，还必须将所有的过滤规则施用给每个数据包，这样就消耗了 CPU 时间并会影响系统的性能。

IP 包过滤器可能无法对网络上流动的信息提供全面的控制。包过滤路由器能够允许或拒绝特定的服务，但是不能理解特定服务的上下文环境和数据。例如，网络管理员可能需要在应用层过滤信息，以便将访问限制在可用的 FTP 或 Telnet 命令的子集之内，或者阻塞邮件的进入及特定话题新闻的进入。这种控制最好在高层由代理服务器和应用层网关来完成。